はじめての古生物学

柴 正博著

東海教育研究所

The First study of Paleontology

by Masahiro Shiba

Tokai Education Research Institute
Printed in Japan
ISBN 978-4-924523-13-5

はじめに

　自然史博物館の恐竜ホール（図）で恐竜化石の標本を眺めていると，来館した親子のお客さんが話しかけてきた．恐竜の巨大な全身骨格を見て驚いたお父さんが，「この怪獣，大きいですね！」．お母さんは，「子どもが恐竜好きで，恐竜を研究する考古学者になるにはどうしたらよいのでしょう？」．子どもさんは「恐竜の骨が石になったものが化石だよね？」と言う．

　これを機会に，博物館の学芸員とこの親子のお客さんとのコミュニケーションが始まる．そもそもお父さんの言った「怪獣」とは人が想像した架空の動物で，恐竜は化石があることから中生代に実際に生きていた巨大な爬虫類の仲間で，「怪獣」ではない．「怪獣」は「獣」という哺乳類を意味する字がつかわれていることから，架空の哺乳類と思われる．哺乳類は牙（犬歯）をもっているが，恐竜は牙をもたない．

　つぎに，お母さんの言った「恐竜を研究する考古学者」もまちがいで，考古学者は人の文化の歴史を調べる学者であり，化石など過去に生きた

図　東海大学自然史博物館の恐竜ホール（＊）

生物を調べる学者は「古生物学者」という．化石についての子どもさんの定義は，化石のすべてをあらわしているものではない．恐竜の骨だけが化石ではなく，化石とは「過去の生物の遺体や痕跡など生物の生きていた証拠」である．また，化石は必ずしも石になっている必要はない．

　私は，1982年から東海大学自然史博物館で地層や化石を研究するとともに，学芸員として資料を収集して博物館の展示や教育をおこなってきた．また，1998年からは一時期中断はあったが，東海大学海洋学部で「古生物学」の非常勤講師をしている．本書でのべる内容は，その「古生物学」の講義の内容をテキストにしたもので，本書ははじめて古生物学を学ぶ人のための入門書として著した．

　古生物学では，過去に堆積した地層の中から発見される化石をもとに過去の生物を研究する．そして，古生物学のおもな研究課題は，化石となった生物たちの骨格や生活痕から，その生物とそれらが生息していた過去の時代の環境や生態系と，それらの変化の過程を読み解くことである．また，そのことから現在の生物と生物をとりまく環境を理解し，さらに将来の生物や環境のありかたを考えることである．

　本書では，まず「1. 古生物学と化石」で古生物学と化石とは何かということと，古生物学の発展してきた歴史についてのべる．つぎの「2. 古生物学の研究方法」では，科学の方法について再確認し，古生物学が立脚している地質学と生物学の基礎をのべる．そして，「3. 化石の研究」では，古生物学の研究対象である化石についてのべ，化石による地層の分帯，すなわち生層序学について解説する．私の講義は海洋学部でおこなっていることから，海底堆積物中の微化石についてもふれる．

　最後の「4. 生物進化の歴史」では，古生物学がこれまで明らかにしてきた生命の誕生から現在までの生物進化の歴史を，化石となった生物を示しながら概説する．また，各章の末には，各章の内容に関連した私の研究または研究対象に関するコラムを付録として設けた．

　古生物学の目的は，化石を研究対象として，地球と生物の歴史をもとに生物進化の過程とその要因を明らかにして，現在の生物の成り立ちを歴史的に理解し，将来の地球と生物のありかたを考えることである．本書によって，読者が古生物学への理解を一層深め，自然や生物についてさらに興味を抱いてもらえれば幸いである．

　本書の編集と発行にあたっては，東海大学出版部の田志口克己氏に

お世話になった．図の一部については NPO 静岡県自然史博物館ネットワークの横山謙二氏にご協力いただいた．化石標本の写真については，東海大学自然史博物館の標本の写真（本書の図の説明に（＊）があるもの）を使用させていただいた．

　微化石の写真については，静岡大学の塚越 哲教授，宮崎大学の山北聡教授，埼玉県立自然の博物館の楡井 尊氏，パリノ・サーヴェイ株式会社の堀内誠示氏にお借りした．また，ドーバーの白亜系の写真は元東海大学教授の佐藤 武氏に，現生のストロマトライトの海岸の写真は東海大学静岡翔洋高等学校の山崎昌幸氏に提供いだいた．東海大学海洋学部の田中 彰教授には走査型電子顕微鏡（SEM）の使用に便宜をはかっていただいた．

　伊豆諸島の動植物群については，神奈川県立生命の星地球博物館の名誉学芸員である高桑正敏氏にご教授をうけた．高知学園短期大学の三島弘幸教授には本書の内容のいくつかの点についてコメントをいただいた．また，コラム6の「伊豆諸島の生物のおいたち」については，化石研究会誌第49巻第1号に掲載した私の論文「伊豆半島は南から来たか？」の一部を転載したもので，化石研究会に許諾をうけた．

　なお，私の地質学と古生物学の師である東海大学名誉教授の星野通平先生と国立科学博物館の故桑野幸夫先生には，私を古生物学の研究とその教育に導いていただいた．元東海大学海洋学部教授の根元謙次氏には私が古生物学の講義をおこなうことについてお世話いただいた．そして，東海大学海洋学部の学生諸氏には，さまざまな古生物の研究をともにおこない，私を育てていただいた．また，秋山信彦館長はじめ東海大学海洋学部博物館の学芸員および職員のみなさんには，これまでの私の博物館での研究教育活動において大変お世話になった．これら多くの方々に厚く感謝する．

2016 年 4 月
柴 正博

目 次

1 古生物学と化石

1-1 古生物学と化石とは

古生物学とはどのような学問であろうか．また，化石とは何であろうか．ここでは，古生物学と化石について簡単に紹介する．

1) 古生物学とは

　古生物学（Paleontology）とは，化石を直接の対象として過去の生物（古生物）を研究する歴史科学である．研究対象となる化石が地層に含まれることと，古生物が過去の地質時代の生物であることから，古生物学は地質学と生物学の二つの学問領域が重なるものである．すなわち，古生物学を学ぶためには，地質学と生物学の二つの学問の基礎と研究方法を学ばなくてはならない．

　地質学とは，地球の表層部（地殻）の組成や構造，それらの形成や変遷にかかわる諸過程ならびに歴史を研究対象とする自然科学の一分野である．地質学と古生物学は，地球と生物の歴史をあつかう歴史科学であり，物理学や化学などの現在の現象をあつかう現在科学とは異なる．

　現在科学は，実験によって現象を再現させ逆にたどることができる．そのため，仮説をもとに実験をおこなって，事実を検証（実証）して理論化することができる．そして，その理論を実際に応用して生産活動の中で活用することができる．しかし，歴史科学では過去に戻ることや，実験で過去の現象のすべての過程を再現できない．そのため，仮説の検証は状況証拠の積み上げによる推測によっておこなわれ，仮説を完全に実証することがむずかしい．

　地質学で古生物学にかかわる分野は，地球の歴史をあつかう地史学（Geohistory）にあたる．地史学には，地層それじたいとそれらの上下の順番を研究する層序学（Stratigraphy），地層に含まれる化石を研究する古生物学（Paleontology），地層を構成する堆積物の堆積のしかたを

研究する堆積学（Sedimentology），地層の構造や変形を研究する構造地質学（Structural geology）がある．

　生物学（Biology）とは，生物を研究対象とするおもに現在科学であるが，古生物学にかかわる分野としては分類学（Taxonomy）や生態学（Ecology），進化生物学（Evolutionary biology），生物地理学（Biogeography）などがある．

　分類学は，生物の種に名前をあたえて分類し，種が属する生物の分類に関する研究をおこなう．生態学は，生物の生きかたやどのような生態系の中で生息しているかを研究する．分類学と生態学の研究成果と研究手法は古生物学にとって重要である．

　進化生物学は，生物がどのように進化してきたかを明らかにするもので，まさに古生物学の本質的な研究目的と重なる．生物地理学は，現在のさまざまな生物の地理的分布を研究するが，現在のそれら生物の分布は長い歴史の結果であり，その成立については古生物の地理的分布（古生物地理：Paleobiogeography）を明らかにする必要がある．

2）化石とは

　化石とは，過去の生物の存在を示す証拠である．過去の生物の存在を示す証拠とは，地質時代に形成された地層に保存された生物の遺体や痕跡である．生物の遺体化石（Remain fossil）には，植物の葉や幹，実や花粉などや，動物の遺体，骨や歯，殻などがある．また，痕跡は生痕化石（Trace fossil）といい，足跡やはい跡，巣穴などの棲み跡や胃の内容物なども含まれる．

　化石は英語で"Fossil"といい，「掘りだされたもの」という意味がある．日本語の「化石」は，「石と化したもの」という意味に一般的にとらえられるが，化石は石になっている必要はない．化石が石化するのは，生物の遺体や痕跡が地層中に保存されたあとに起こった物理的，化学的または生物的な作用（続成作用）をうけて石化し固結した結果である．

　珪化木や珪化した恐竜の骨化石，黄鉄鉱になったアンモナイトの殻などは，それらはもともとの樹木や骨や殻の成分が，地層中で珪酸塩鉱物や他の鉱物に置換されたものである．また，北海道でよく発見されるアンモナイト化石のように，硬い石灰質ノジュール（団塊）に閉じ込められ

図1-1 掛川層群大日層の貝化石. 石灰質の貝殻のままで, 石化していない. 中央は掛川層群の貝化石として代表的な *Amussiopecten praesignis*.

ているものもある.

　化石には, 保存され残りやすい硬い骨や殻などが多いが, 地層に保存されて石化して硬くなったものも多い. 化石が硬いことは, 物理的または化学的な破壊から逃れて化石として保存されるための一つの重要な条件である. しかし, それは化石であるための必要条件ではない. 私が研究している新しい地質時代の貝化石や生痕化石の多くは, 貝殻や生痕がそのまま保存されていて, 他の鉱物に置換されていない (図1-1). しかし, それらはまぎれもなく, 過去の生物の存在を示す証拠であり, すなわち化石である.

　古生物学は化石という過去の生物の証拠を研究対象とするが, 人の文化の証拠を研究対象とする学問は考古学である. 人の文化の証拠は遺物とよばれ, それが集合している場所を遺跡という. 貝塚は, 縄文時代の人が貝を食べて捨てた場所で, 過去の人の文化の存在を示す証拠の場所 (遺跡) であり, 貝塚の貝は遺物である. したがって, 通常それらは考古学の研究対象である.

1-2 古生物学の発展

人類の歴史の中で，人はどのようにして化石を理解してきたのだろうか．ここでは，化石を中心に自然科学の歴史を簡単に紹介する．

1) ギリシャ・ローマ時代

紀元前7世紀には，ギリシャでは都市国家が成立し，金属片を貨幣として，地中海西部から小アジアにわたる貿易がおこなわれていた．ギリシャ人の自然科学の考えかたは，この世にある物質や現象を抽象的に考察し，万物はただ一つのものから発展してきたと考えるものである．

紀元前620年にタレスは，「万物の根源は水である」とのべている．また，アナクシマンドロスとアナクサゴラスは，地球を中心に他の天体がまわる天動説を唱え，ピタゴラスは紀元前5世紀に地動説を唱えた．世界の根源をなすものは土・火・空気・水であるという四元素説を唱えたエンペドクレスは，化石を人間が地上にあらわれる前の動物の骨であるとのべ，クセノファネスは貝化石があることからそこがかつて海であったことをいいあてていた．

しかし，ローマ時代になると，「力がすべて」または「すぐに役立つもの以外は値打ちがない」という考えが強く，すぐに役立たないギリシャ人の思想や思弁を軽蔑した．ローマ人はそれまでに築かれた数学や力学を利用して，土木・建設工事や軍事技術を発展させた．

東ローマ帝国のコンスタンチヌス大帝はローマ帝国統一のためにキリスト教を国家公認の宗教とした．それによってキリスト教は，のちのヨーロッパにおける中世の封建制社会を精神的にささえる核となった．コンスタンチヌス大帝の死後，ゲルマン民族の大移動によってローマ帝国は崩壊し，それまでの文化的なものすべてが破壊され，その上に封建的な国家がつくられた．そして，その後の約1000年間，キリスト教の宗教的な圧迫によって自然科学の前進がまったくみられなかった．

2) ルネッサンス時代

1096年から200年間にわたって，ヨーロッパのキリスト教国がイスラム教国から聖地エルサレムを奪還するために十字軍を組織し遠征をおこなった．十字軍の遠征によって，ヨーロッパ諸国の社会矛盾は一層深

まり，逆に利益を得たベニスやジェノバのイタリア商人は，地中海全体に貿易を拡大し，それによって古代ギリシャ文化をうけ継ぎ，アラビア文化や中国の文化とも交流をもった．15～16世紀に最高潮に達したルネッサンスでは自然科学も復活し，さらにマゼランやコロンブスの地理的探検とあいまって近代科学が発展していった（表1-1）．

フィレンツェに生まれたレオナルド・ダ・ビンチ（1452-1519）は，メディチ家の保護のもと芸術や科学，技術の多方面にわたり活動をおこなった．彼は，自然科学の面では水力学，工学，生理学，解剖学などに重要な業績を残した．たとえば，湾曲した川の両側における流速のちがいと堆積物との関係や，礫や地層の研究についても科学的な考察をおこなった．とくに化石について，40日間の「ノアの洪水」では貝殻が山に運ばれないことから，貝化石はその場所が海だったときに堆積したもので，「神の力で化石はつくられない」としてノアの洪水による化石の形成を否定した．

1543年には，コペルニクス（1473-1543）が『天体の回転について』を出版し，地動説を発表した．コペルニクスはキリスト教会の弾圧を恐れ，その本を彼の死後に出版した．また，1545年にドイツのアグリコラ（1494-1555）は，『化石の本性について』を出版し，化石が生物の遺物であることをのべた．また，アグリコラは彼の死後の1555年に鉱山や鉱物についての『鉱山書』を発行し，「鉱業家は実際の技術と科学に精通していなければならない」として，練金術を否定した．

『鉱山書』の発行と同じ年に，スイスのゲスナーは化石を詳しく記載した図版入りの『化石の全種類について』を出版した．このような本が出版されたことは，この時代に人々が化石に対して強い関心をいだくようになったことをあらわしている．

3）近代自然科学の出発

ルネッサンス以後のヨーロッパでは，鉱山開発や航海貿易とともに産業がマニファクチャーを中心に発展した．そうした産業の要求にうながされ，力学や鉱物学，化学，天文学など地球に関する学問が発展し，17世紀にはイギリスやフランスで学会が創立された．学会の設立は，自然科学の研究者たちの集団が形成されたことであり，その中で知識の交流や相互批判がおこなわれ，近代自然科学が発展する基礎がつくられた．

イタリアのガリレオ・ガリレイ（1564-1642）は，コペルニクスの宇宙体系を支持する『二大世界説についての対話』を1632年に出版した．そのために，ガリレオはローマ教皇庁から異端審問で有罪にされ，大学教授の職を失い軟禁状態での生活をおくった．

　コペンハーゲンで生まれたニコラウス・ステノ（ニールス・ステンセン）（1638-1686）は，オランダのライデン大学で医学を学び，解剖学者となり，イタリアのメディチ家の保護をうけて自然科学の研究をおこなった．ステノは，結晶学ではそれぞれの結晶には固有の結晶面角があるという面角安定法則を発見し，層位学では上の地層が下の地層よりも新しいという地層累重の法則という重要な法則を著した．

　ステノは，イタリアのトスカーナ地方の海の生物の化石を含む地層の観察から，1669年に『固体の中に自然に含まれている固体についての論文への序文』を出版した．その著作では，地層は水平に堆積し，空間的な分布をもち，上の地層が下の地層よりも新しいということと，かつて海水の中で堆積し，その地層が造山力によって傾斜や褶曲したと説明し，地質断面図を示した．しかし，ステノはこの地史をできるだけ聖書の内容と一致させるために努力した．

　アイザック・ニュートン（1642-1727）は，1668年に25才で反射望遠鏡を製作し，1687年に42才で『自然哲学の数学的原理（プリンシピア）』を出版して万有引力の法則を確立した．また，1703年には『光学』を出版し，光の現象などについて明らかにした．ニュートンによって，今までの神秘的な宇宙観はほとんど駆逐され，地動説は近代科学で裏打ちされて確固たるものになった．

4) 産業革命と地質学

　イギリスは，16世紀末にスペインの無敵艦隊を破り制海権をにぎって以来，海外の市場を拡大して商業や工業が発展した．そのためブルジョアジーの台頭が早く，1642年にピューリタン革命が起こり，共和制・王制復古ののちに1688年に名誉革命によって近代国家の基礎がつくられた．

　工業の機械化は，まず紡績機械で始められ，1761年にはワットによって蒸気機関が考案され，1781年に蒸気機関は工場の動力に利用された．蒸気機関を利用した産業革命によって石炭が大量に使用されるようにな

表 1-1 古生物学の歴史年表

年	人物	著作・発表	歴史事件
1876	ワレス	『動物の地理的分布』	
1868			明治維新
1866	メンデル	『遺伝の法則』	
	ヘッケル	『反復発生説』,『系統樹』	
1861-1865			アメリカ南北戦争
1861	オーウェン	始祖鳥の記載	
1859	ダーウィン	『種の起源』	
1853			ペリー来航
1848			マルクス・エンゲルスの共産党宣言
1837	アガシー	『大氷河期』	
1830－1833	ライエル	『地質学原理』	
1826	キュヴィエ	『地球表層の変革』	
1825	マンテル	イグアノドンの記載	
1824	バックランド	メガロドンの記載	
1815	スミス	『英国地質図』	
1814			スチーブンソンが蒸気機関車を発明 ナポレオン失脚
1812	キュヴィエ	『化石四足獣の研究』	
1809	ラマルク	『動物哲学』	
1804			ナポレオン皇帝が即位
1789			フランス革命
1785	ハットン	『地球の理論(証拠と解説)』	
1776			アメリカ独立宣言
1761			ワットが蒸気機関を発明
1760-1840			イギリスの産業革命
1735	リンネ	『自然の体系』	
1703	ニュートン	『光学』	
1688			名誉革命
1687	ニュートン	『自然哲学の数学的原理』	
1669	ステノ	『固体の中に自然に含まれている固体についての論文への序文』	
1642			ピューリタン革命
1632	ガリレイ	『二大世界説についての対話』	
1620	ベーコン	『ノヴム・オルガヌム』	
1603			江戸幕府成立
1600			イギリスが東インド会社を設立
1555	アグリコラ	『鉱山書』	
1546	ベサリウス	『人体構造論』	
1545	アグリコラ	『化石の本性について』	
1543	コペルニクス	『天体の回転について』	
1452－1519	レオナルド・ダ・ビンチ		
1498			バスコ・ダ・ガマがインド航路を発見
1492			コロンブスが新大陸を発見
1450			グーテンベルクが活版印刷術を発明
1219			チンギス・ハンの西征
1192			鎌倉幕府成立
1096			第1回十字軍派遣
395			ローマ帝国が東西に分裂
392			ローマ帝国、キリスト教を国教化
150			ローマ帝国の全盛時代
0			キリスト誕生
BC 334			アレクサンドロス大王の東征開始
BC 450頃			ギリシア文化の全盛時代
BC 620	タレス	「万物の根源は水である」	

り，産業革命の進展にともなってその需要が急増した．石炭は，イギリスのウェールズ地方の石炭紀の地層から採掘され，その周辺の地層が石炭採掘のために詳細に調査された．そして，古生代の時代区分のもととなる地層（地質系統）がその地域で確立され，層序学が発展した．

スウェーデンに生まれたカール・フォン・リンネ（1707-1778）は，オランダで植物学を学び，1735 年に出版した『自然の体系』で動植物の命名法を提案した．リンネは，すべての自然物を整理し，二名法で種を命名分類し，分類学を確立した．このリンネの自然物を分類する方法は，それまで神が世界の外にあって世界を支配していたという世界観を見直すことになった．また，18 世紀になると，化石，岩石，鉱物はそれぞれ区別されるようになり，それぞれが独立した学問分野によってあつかわれるようになった．

ドイツのザクセンで生まれたアブラハム・ゴットロープ・ウェルナー（1749-1817）は，フランベルク鉱山大学の教授となり，当時の科学的思想に大きな影響をあたえた．ウェルナーは，地球の表層が下位から花崗岩や変成岩からなる始原岩類，化石を含む漸移岩類，石炭や岩塩，玄武岩などからなる成層岩類，砂礫層からなる二次（沖積）岩類，火山岩類の順に重なり，この層序が世界中どこでも共通するものとして一般化した．火山岩類は，地下の石油が燃えて岩石が地上へ流れだしたと考えた．ウェルナーは，花崗岩や変成岩，玄武岩も水溶液から結晶作用によって生じた堆積岩とみなしたことから，その考えは水成論とよばれた．

イギリスのエディンバラで生まれたジェームズ・ハットン（1729-1797）は，1749 年にオランダのライデン大学で血液循環に関する研究で学位を取得し，エディンバラに戻って農業経営のかたわら各地を旅行して地質学への関心を高めていった．ハットンはスコットランドで花崗岩とその周囲の岩石との接触関係を観察し，岩脈や熱変成帯の存在を明らかにした．そして，彼は地球内部の火（マグマ）の貫入固結あるいは流出などの火成活動によって花崗岩や玄武岩ができ，地殻変動も起こったと考えた．そして，ハットンは地殻運動の証拠として不整合を発見した．

ハットンは，1785 年にそれらの考えをまとめて『地球の理論（証拠と解説)』を出版した．その中では，実際の現在の地球を調べることの重要性と，地球を一つの有機的な機械と考え，地球の発展の原動力として地下熱に注目した．そのためハットンの考えは，ウェルナーの水成論

に対して火成論とよばれる.

5) 古生物学の誕生

18 世紀後半になると，岩石や鉱物と同様に化石にも人々の関心が高まり，記述博物学の一つとして植物化石や動物化石の図入りの著書が発行されるようになった.

ジャン＝バティスト・ラマルク（1744-1829）は，パリ盆地の新生代の地層の軟体動物化石を研究し，その分類をもとに現生種と絶滅種の比較により生物の進化をのべた『動物哲学』を 1809 年に出版し，進化論の先駆者となった.ラマルクの生物進化論における進化の要因は，生命が進化の必然的傾向をもち，原始的なものから多様なものへと進化する前進的進化説と，生活過程で獲得した形質が遺伝すると考えた用不用説であった.

「比較解剖学の父」とよばれるジョルジュ・キュヴィエ（1769-1832）は，1812 年に出版した『化石四足獣の研究』で，世界各地で発見された脊椎動物の化石を現生動物と比較して分類し，脊椎動物に関する古生物学の基礎を築いた.キュヴィエは，ナポレオンの信頼も厚く，パリ植物園（自然史博物館）の教授やフランス学士院の書記官，そして内務大臣を務めた.

キュヴィエは，比較解剖学の手法を用いて，ナポレオン軍がオランダのマーストリヒトから収奪してきた「マーストリヒトの魔物」といわれたものを，中生代の巨大な海トカゲ（モササウルス）の化石であることを解明した.また，スイスのショイヒツァーが「ノアの洪水の証人」とした骨格を，両生類サンショウウオの化石であることを明らかにした.

キュヴィエは 1826 年に著した『地球表層の変革』の中で，古生物が時代によって異なるものから構成されることから，これを複数回にわたる天変地異による絶滅とその後の入れ替わりによるという，いわゆる激変説（Catastrophism）を唱えた.この考えかたは，フランス革命やナポレオン帝国，その後の王政復古という激変の政治動乱を生きぬいて内務大臣までのぼりつめたキュヴィエの生きかたに似ている.また，プロテスタントであったキュヴィエは，生物が進化することはまったく認めず，ラマルクの進化論を徹底して攻撃した.

6) 化石層序学と進化学の発展

　ウィリアム・スミス（1769-1839）は，キュビィエと同じ年にイギリスのオックスフォードで生まれ，測量技師として石炭運河の建設や農業改革の仕事を通じて，地層の重なりの順番（層序）や特定の地層から産出する化石について調査し，それを体系化した．

　スミスは，技師として地層と化石に接して，それらに大変興味をもち，それらを整理して化石による地層の対比や層序表，そして1815年に世界初の地質図となる『英国地質図』を出版した．スミスの層序の考えかたと地質図の作成は，マーチンソンやセジウィックなどイギリスの地質学者に受け継がれて，現在の古生代の地層の模式層序（地質系統）の確立がおこなわれた．

　チャールズ・ライエル（1797-1875）は，オックスフォード大学でバックランドの指導のもと地質学を学び，卒業後に法律家となったが，1830年にロンドンのキングズ・カレッジの地質学の教授となった．そして，1830〜1833年に『地質学原理』を出版し，地質学を理論的に体系化した．その中で，ライエルは「現在は過去の鍵である」という斉一説で過去の地質現象を解釈した．そして，現在において生物は進化していないため，斉一説からライエルは生物進化を認めなかった．

　スイスのルイ・アガシー（1807-1873）は，キュヴィエのもとで学び，魚類化石の研究者となった．しかし，その後アルプス氷河の研究をおこない，北半球全体が一つの巨大な氷河であったという説を1837年に主張した．山岳氷河が削ったU字谷の末端にモレーンとよばれる小高い丘

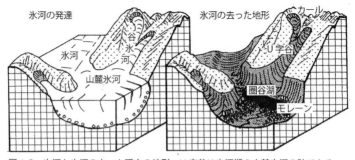

図1-2　氷河と氷河の去った現在の地形．U字谷は氷河期の山麓氷河の跡である．

がある（図1-2）．モレーン（氷堆石）は，氷河が削りとった岩石などが堆積した地形であるが，かつてノアの洪水で形成されたと信じられていた．そのため，このモレーンの地層は洪水によって堆積したという意味で洪積層とよばれ，その時代は洪積世とよばれた（現在は更新世とよぶ）．

アガシーは，スイスアルプスでモレーンの分布を時代ごとに分類して，その形成時期に順番をつけて，洪積世には古い方からギュンツ，ミンデル，リス，ウルムという4回の大きな氷河期があったと主張した．この氷河説は広く認められ，アガシーはアメリカのハーバード大学に招かれ，北アメリカでも同様の4回の氷期を認めた．アガシーはアメリカでは海洋の底生生物の研究もおこない，ダーウィンの進化論に対して強力な反対者となった．

チャールズ・ダーウィン（1809-1882）は，1859年に『種の起源』を出版して，自然選択（自然淘汰）による進化論を唱えた．ダーウィンは，医師で投資家だった家に生まれ，イギリスのエディンバラ大学で医学を学んだが，博物学や昆虫採集に傾倒し学位をとれなかった．そのため，父の勧めで牧師になるためにケンブリッジ大学でキリスト教神学を学んだが，博物学者のヘンズローと地質学者のセジウィックに強く影響をうけ，ビーグル号航海ののちに生物進化の研究に没頭した．

ダーウィンは1831年にケンブリッジ大学を卒業したとき，恩師ヘンズローの紹介でイギリス海軍の測量船ビーグル号の世界周航航海に参加した．父は反対したが，ウェッジウッド家の叔父が父を説得してくれた．

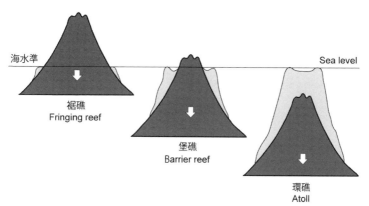

図1-3　ダーウィンの沈降によるサンゴ礁の分類．

5年間にわたったビーグル号の航海では，ダーウィンは南アメリカやガラパゴス諸島でそこの自然や生物を実際に見て，科学的探求をより強くした．そして，出版されたばかりのライエルの『地質学原理』をビーグル号上で読み，地質時代における生物の進化について考え始めた．

　また，ダーウィンは南太平洋でさまざまなサンゴ礁を見て，ダーウィンの最初の論文である『サンゴ礁の構造と分布』を発表した．このサンゴ礁の形成をのべた論文は，サンゴ礁が海底の沈降によって，裾礁，堡礁，環礁へと段階的に形成された（図1-3）としていて，現在でもサンゴ礁の形成に関して重要な文献となっている．

コラム
1

日本の学術文化の基礎を築いたモース

　ハーバード大学でアガシーの助手を務めたエドワード・シルヴェスター・モース（1838-1925）は，反進化論者だったアガシーの腕足動物についての分類に疑問をもち，日本近海にシャミセンガイなどの腕足動物が多く生息することを知り，腕足動物の採集のために1877年（明治10年）6月に日本を訪れた．そして，文部省に海岸での生物採集の了解を求めるため横浜駅から新橋駅へ向かう汽車に乗車し，その時に車窓から大森貝塚を発見した．モースはすぐに大森貝塚の発掘調査をおこない，それを指導した．これが，日本で最初の貝塚の発掘調査となった．

　モースは，文部省から東京大学の動物学・生理学教授への就任を請われ，東京大学の教授を2年間務めた．その時，モースは日本で初めてダーウィンの進化論を体系的に紹介した講義をおこない，また大学の社会的・国際的な学術体制の確立にたいへんに尽力した．

　それ以外にもモースは日本滞在中に，その当時の日本の大衆の生活に非常に興味をもち，生活用品や民芸品，陶磁器を大量に収集したほか，多数のスケッチを書き残した．それらの収集品は，モースがその後に館長を務めたアメリカのマサチューセッツ州ケンブリッジにあるハーバード大学ピーボディ・エセックス博物館に，現在でも収蔵保管されていて，明治初期の日本文化の重要なコレクションとなっている．

② 古生物学の研究方法

2-1 科学の方法と階層性

　古生物学とは生物を対象とした歴史科学であり，歴史科学である地質学と現在科学である生物学の研究方法を用いる．科学とは，ものごとを合理的に説明する「考えかた」であり，「技術」ではない．科学は，バラバラな自然の事実から帰納的にそれらの事実の間に普遍的にある必然的で本質的な関係を導きだし，客観的な自然の法則を創り上げることである．

1) 科学の方法

　古生物学者でもある井尻正二氏が，『新版科学論』（井尻, 1977）の中で科学の方法をのべている．もともと『新版科学論』という本は『古生物學論』（井尻, 1949）として初版が出版されたもので，古生物学での科学の方法がのべられている．この科学論では，科学の方法を，①体験的方法，②記載的方法，③分類的方法，④論理的方法，⑤理論的方法，⑥実験的方法，⑦条件的方法の七つの方法に分けている．

　そして，それらが①から段階的により高次の段階へと発展していって，⑤の理論的方法によって客観的な自然の法則が創造されるとしている．また，その客観的な自然の法則を創造することが科学者の使命であるとし，科学の研究者は自分が今どの段階の科学の方法をおこなっているかを認識する必要性ものべている．以下に各方法の内容をのべる．

体験的方法：体験的方法は，その個人の感性で，あくまでも主観的に自然をとらえることである．科学的な探求の多くは，ものごとに直接対峙したときの社会常識や定説に矛盾する印象，すなわち疑問や違和感などから始まる．そのためには，その矛盾を感じる感性を幼年期〜壮年期に自然とできるだけ多く接して培うことができるかが重要であるという．このことは，アガシーが "Study nature, not books." とのべ

たように，既存の知識にたよるのではなく自然をそのまま体験し，そこから素直に何かを得る態度が科学の始まりとなる．

記載的方法：記載的方法は，対象物を観察によりその属性を客観的な基準にあてはめて記載することであり，属性の差異に注目することである．長さや重さなど客観的な基準により計測し，それぞれの専門的な記載のための用語を用いて研究対象物を記述する．そのためには，客観的基準や記載用語を正確に理解しなくてはならない．この方法は，科学の方法としては基本的な部分に相当し，ふつう学校教育で知識としてあたえられる．

分類的方法：分類的方法とは，対象物の属性の差異に注目して記載するのではなく，属性の類似に着目してそれを帰納的に統合して体系立てることである．分類的方法ではこの体系化が重要である．本来，自然物は動的なものであるが，それを静的にとらえて分類する．分類は分類する研究者の主観によって異なることから本来人為的なものであり，また動的なものを静的なものとしてとらえることから限界がある．

論理的方法：論理的方法とは，研究対象の諸現象を既知の法則や作業仮説に当てはめて因果づける方法である．たとえば，外国の学術誌で発表された作業仮説を用いて，日本の同様な化石や地域で同様の研究をおこなうなど，多くの研究者や研究の初心者がおこなっている研究方法である．この方法は，つぎの理論的方法に至るためには必要であるが，この方法は既知の法則や作業仮説によりどころを求めているため，単なる形式論理学にすぎないところもあり，非独創的で本来の科学とはいえない．

理論的方法：理論的方法とは，本来の科学の方法である．多くの事実から帰納的に，そして主観的に新たな独自の作業仮説をつくり，その作業仮説をもとに演繹的に自然現象を検証して法則（理論）を創造する．体験的方法によって感じた疑問や矛盾を，記載的方法，分類学的方法，論理的方法を用いて，多くの事実から作業仮説を独創し，それをもとに自然現象を検証して理論に近づける．新たな作業仮説を構築するた

めには，独創力を生みだす否定的な精神が必要とされる．一般には認められていない独創的な新しい考えかたを主張するため，それは科学者として孤独な戦いでもある．

実験的方法と条件的方法：実験的方法と条件的方法は，理論的方法で明らかにした理論をもとに実験をおこない，さらに理論を進めることである．歴史科学では実験は難しいが，ある条件を設定しておこなうしかない．実験的方法は人為的に自然の生成発展の必然的要素に注目してそれを実証するが，条件的方法では偶然的要素に注目してそれを必然的要素に転化させ，人為的な法則を発展させるものとしている．

2) 科学の階層性

科学で対象とするものは，その大きさによってそれぞれの単元（単位）があり，その単元は小さいものから大きなものへ階層をもっている．そして，研究の対象物はそれぞれの単元ごとに取りあつかわれる．そのため，異なった単元を混同して議論することは避けるべきである．

生物の体は器官からなり，器官は組織から，組織は細胞からなり，さらに細胞は高分子タンパク質からなる．単細胞生物もあることから，生物の基本単元は細胞である．しかし，個体が生きるためにそれぞれの器官以下の階層が機能することから，個体も基本単元となる．

生物分類では，それぞれの種がどの分類に属するか階層に分けて記載される．その階層は，大きい方から界（Kingdom），門（Phylum），綱（Class），目（Order），科（Family），属（Genus），種（Species）となる．この生物分類における基本単元は種である（表2-1）．

表 2-1　生物の体と生物分類，地層の階層性

個体	Individual	界	Kingdom	累層群	Complex
器官	Organ	門	Phylum	層群	Group
組織	Tissue	綱	Class	層	Formation
細胞	Cell	目	Order	部層	Member
タンパク質	Protein	科	Family	単層	Bed
分子	Molecular	属	Genus	葉理	Lamina
		種	Species	粒子	Grain

地層も同様に階層的に細分される．大きい方から，累層群（Complex），層群（Group），層（累層）（Formation），部層（Member），単層（Bed），ラミナ（Lamina），粒子（Grain）である．単層は同質の堆積物からなり，上下を層理面で区別された一枚の地層である．単層は水平方向に広がり上下に重なる粒子の配列であるラミナに細分され，それらは粒子によって構成される．地層における単元は単層であるが，それらの全体の堆積過程を対象とした場合，層や層群が重要な単元となる．

2-2 地質学的方法

化石は地層に含まれるため，古生物学では化石を含む地層について知らなくては，化石のもつ意味をきちんと理解できない．地層は堆積物から構成され，堆積環境によってさまざまな地層とそれら地層の水平方向の組み合わせが形成される．また，過去の地質時代は地層により決定されていて，地球の歴史は地層に記録されている．

1）層序学と堆積学

地層について調べる分野は，層序学と堆積学になる．層序学は地層がどのように重なっているかを調べ，堆積学は地層を構成する粒子がどのように堆積したかを調べる．そして，両者の方法を合わせて，その地層がどのような環境でどのように形成されたかを明らかにしていく．

化石は，地層に含まれる堆積物の一つであり，私たちは地層を調査して化石を発見することで，化石を研究対象とする古生物学を始めることができる．そして，化石がどのように地層に含まれるかということや，どのように化石になったかということ，そしてその化石が時間的にどのような順番で，また平面的にどのように分布をするかなど化石の地層の中での存在に関するデータは，地層を調べることで明らかにできる．なお，これとは反対に化石によって地層の層序を研究する生層序学（Biostratigraphy）がある．

地層（Stratum または Bed）とは，ある厚さと水平的広がりをもつ堆積物などで，地層はその広がり（空間）と上下の重なり（時間）という二つの概念をもつ．すでに地層の階層的な分類についてのべたが，地層は単層を基本単位として，大きい方から累層群，層群，層（累層），部層，単層，ラミナ，粒子に区分できる．地層の基本単位は，単層であり，それを構成するものは堆積物からなる．

層序学のもっとも基本的な考えかた（法則）は，ステノの地層累重の法則である．この法則は，地層は下のものほど古く，上に重なるものほど新しいというものであり，とても単純な真実をあらわしている．したがって，新しい地層の下には必ず古い地層があることを意味していて，地球の歴史は下から上へ積み重なる地層を調べることにより明らかにされる．

また，スミスの示した化石による地層対比の法則もある．これは，同

じ化石を含む地層は同じ時代に形成されたというもので，これにしたがって生層序学では地層の対比や地質時代を推定している．

2）堆積物と堆積岩

地層は堆積物（Sediments または Deposits）によって構成されているが，それらにはいくつかの種類がある．堆積物には礫，砂，泥などの砕屑物（Clasts），火山灰や火山角礫などの火山砕屑物（Pyroclasts），生物源沈殿物，化学的沈殿物などがある．なお，堆積岩は堆積物が固まったものをいう．

砕屑物は，おもに陸上の岩石が浸食により破壊され，それが河川などによって運ばれて生成された礫，砂，泥であり，これらの堆積物は陸源性堆積物（Terrigenous sediments）とよばれる．それらは粒度により分類され，礫は 2 mm 以上，砂は1/16〜2 mm，泥はそれ以下の粒子で，泥は肉眼では粒が見えない．なお，1/256 mm 以下を粘土とよびそれ以上の泥をシルトとよぶ（表2-2）．泥が固まったものを泥岩というが，薄く割れる泥岩は頁岩^{けつがん}ともよばれる．

地層は，堆積した場所で陸成層，汽水成層，海成層と区別される．海成層では，河川の沿岸から大陸斜面にかけての海底に陸源性堆積物が分布しているが，海溝を越えた大洋底や海洋島周辺には陸源性堆積物がほとんど運ばれないために，遠洋性堆積物（Pelagic sediments）が分布する．

遠洋の深い海底では粗粒な堆積物はまれで，生物起源の堆積物が多く，それらは構成する化学成分によって珪質軟泥や石灰質軟泥とよばれる．

表 2-2　粒度による砕屑物の分類

礫 Gravel	巨礫	Boulder gravel	256 mm
	大礫	Cobble gravel	64 mm
	中礫	Pebble gravel	4 mm
	細礫	Granule gravel	2 mm
砂 Sand	極粗粒砂	Very coarse sand	1 mm
	粗粒砂	Coarse sand	1/2 mm
	中粒砂	Medium sand	1/4 mm
	細粒砂	Fine sand	1/8 mm
	極細粒砂	Very fine sand	1/16 mm
泥 Mud	シルト	Silt	1/256 mm
	粘土	Clay	

石灰質粒子は，水深が約 4,000 m より深くなると水温や水圧により溶解するため，それより深い海底には石灰質軟泥が分布しない．この石灰質粒子が溶解する水深は炭酸塩補償深度（CCD：Carbonate compensation depth）とよばれる．

　石灰質軟泥（Calcareous ooze）は，有孔虫やココリスなど海生プランクトンの石灰質（CaCO$_3$）の殻からおもに構成されている（図2-1）．珪質軟泥は，湧昇流がある生産性の高い海域や CCD 以下の深い海底に分布し，構成する珪酸質（SiO$_2$）の生物の殻によって，珪藻土（Diatomite）または珪藻軟泥や放散虫軟泥とよばれる．また，大洋底などの 5,000 m より深い海底には赤色泥（Red clay）とよばれる粘土や放散虫などの殻，宇宙塵などからなる深海粘土が分布する．なお，珪質な岩石は一般にチャート（Chert）とよばれ，赤色チャートには放散虫化石が含まれることから，深海の赤色泥が固まったものと考えられている．

　現在の海底堆積物の分布を図 2-2 に示す．遠洋の堆積物については，プランクトンの殻からなり，各種の軟泥の分布は水深と海域の緯度などに支配されている．過去の遠洋性堆積物については，とくにジュラ紀前期以前の遠洋性堆積物は，珪藻と石灰質の殻をもつ有孔虫やココリスが

図 2-1　石灰質（有孔虫）軟泥を水洗して光学顕微鏡で撮影した写真．ほとんどの粒子が浮遊性有孔虫殻からなる．写真の横の長さが約 4 mm.

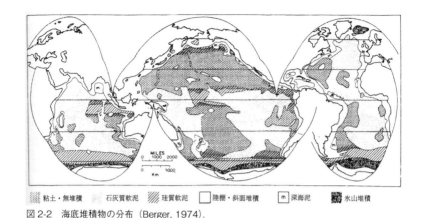

図 2-2　海底堆積物の分布（Berger, 1974）.

出現していなかったため，砂や泥などの陸源性堆積物がおよばない海域ではどこでも放散虫軟泥が分布していたと思われる．このことから，古生代から中生代前期の赤色チャートが，すべて深海の赤色泥に由来したとはかぎらない．

　浅い海の生物起源堆積物としてサンゴ礁とその周辺に形成される炭酸塩岩（Carbonate rock）があり，それらは炭酸カルシウムからなる石灰岩（Limestone：$CaCO_3$）と炭酸マグネシウムからなる苦灰岩（Dolomite：$Ca(Mg, Fe, Mn)(CO_3)_2$）からなる．サンゴ礁では，方解石やアラゴナイトの石灰質の殻をもつサンゴや石灰藻，軟体動物などの生物の生産性が高く，それらとそれらの砕屑物によって堆積物が形成される．

　化学的沈殿物には，酸化鉄マンガン沈殿物からなるマンガンノジュールやリン灰石（Apatite：$Ca_5(PO_4)_3(F,Cl,OH)_2$），岩塩（Salt：$NaCl$）や石膏（Gypsum：$CaSO_4 \cdot 2H_2O$），硬石膏（Anhydrite：$CaSO_4$）などの蒸発残留堆積物（蒸発岩：Evaporite）がある（表 2-3）.

3）堆積相と堆積システム

　地層の外見上のようすを岩相（Facies）または堆積相（Sedimentary facies）という．たとえば，砂層でも細粒の砂で堆積構造をもたないものや，斜交するラミナのある粗粒な砂層など，その外見上のようすはさまざまで，それら特徴的な地層の外見を堆積相として区別する．

　地層の水平的または垂直的な（上下方向への）連続をみていくと，い

表 2-3　砕屑岩以外の堆積岩と堆積物

珪質岩 Siliceous rock	チャート 珪藻土	Chert Diatomite
炭酸塩岩 Carbonate rock	石灰岩 苦灰岩	Limestone Dolomite
蒸発岩 Evaporite	石膏 硬石膏 岩塩	Gypsum Anhydrite Salt

くつかの堆積相に区分できる．それぞれの堆積相はそれが形成された堆
積環境によって異なり，またその特徴や広がりの変化，または上下に重
なる堆積相の組み合わせなどから，その地層がどのような場所でどのよ
うに形成されたかが推定できる．

　堆積相の水平方向への変化は，その地層が堆積した時の全体の堆積環
境やその広がりを具体的なものとし，垂直方向の変化は堆積過程や海水
準の時間的変化を教えてくれる．堆積環境とその堆積システムは，大ま
かにいくつかに分類できる．たとえば，河川から深海にかけてのいくつ
かの堆積システムをあげると，河川システム，潮汐干潟システム，エス
チュアリーシステム，海浜－外浜システム，デルタシステム，海底扇状
地システムなどがある．それぞれの堆積システムでは，その堆積環境に
おける特徴的な地層の堆積のしかたがあり，水平方向にそれぞれさまざ
まな堆積相が形成される．以下にそれらを概説する．

河川システム：河川は，砕屑物を海に運搬すると同時に，河床やその周
　　辺に堆積もおこなう．河川には，大きく分けて蛇行河川（Meandering
　　river）と網状河川（Braided river）の二つの堆積システムがある（図
　　2-3）．蛇行河川は深い単一の河川チャネル（河道）からなり，広い氾
　　濫源をもつが，網状河川は浅い複数の河川チャネルからなり氾濫源は
　　限られる．

エスチュアリーシステム：海進（海水準上昇）によって河口が水没する
　　ことにより形成される入江（内湾）をエスチュアリー（Estuary）と
　　いい，海進にともない河川チャネルの砂礫質堆積物をおおって溺れ谷
　　や湾奥デルタまたは干潟（潮汐平底：Tidal flat）など潮汐の影響と生

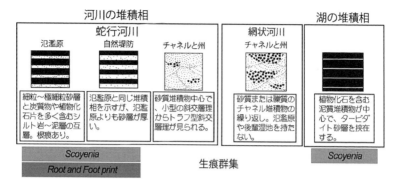

図 2-3　河川システムの堆積相.

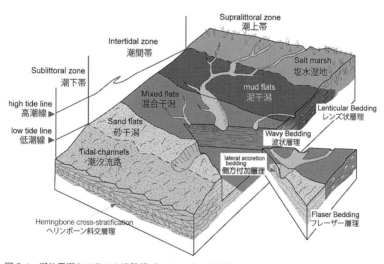

図 2-4　潮汐干潟システムの堆積相（Dalrymple, 1992）.

物擾乱をうけた砂質堆積物から始まり，上方へ細粒化し内湾中央底の
泥質堆積物，そして湾口沿岸の堆積物に変化する.

潮汐干潟システム：潮汐の影響のある前浜が広がった，いわゆる潮汐干
潟（Tidal flat）の堆積物には，潮の満ち引きによる二方向の流れによ
って形成された特徴的な堆積構造がみられる．また，低潮帯から高潮
帯にかけて潮流の営力による砂の流入と浸食により，海側から陸側に

フレーザー層理 (Flaser bedding) を特徴とする砂干潟から，波状層理からなる混合干潟，そしてレンズ状層理がみられる泥干潟に移りかわる（図2-4）.

海浜－外浜システム：外洋に面した波浪の卓越した海浜－外浜（Beach-shoreface）で堆積した一連の浅海堆積物は，その水深によって特徴がある．海岸から沖合にかけての海底堆積物をみると，前浜から水深約6mまでの海底（上部外浜）には礫があり，水深20mまでは砂の海底（下部外浜）で，水深が20～80mまでの海底（内側陸棚）は砂を含む泥の底質が広がり，それ以深では泥からなり，砂を含む堆積物はほとんどみられない．このような陸棚域の底質の分布は，波浪の影響をどのようにうけるかによって，図2-5のように海浜から陸棚までの海底を，後浜，前浜，上部外浜，下部外浜，内側陸棚，外側陸棚に区分できる．そして，それぞれの水深の海底区分に対応した堆積相と軟体動物の生息域や生痕相の分布域がある（図2-6）.

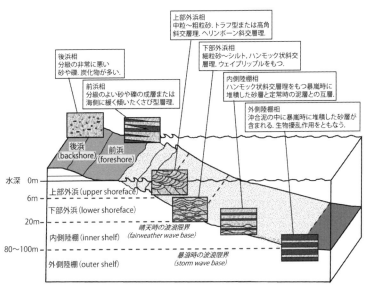

図2-5　海浜－外浜システムの堆積相（西村ほか，1993）.

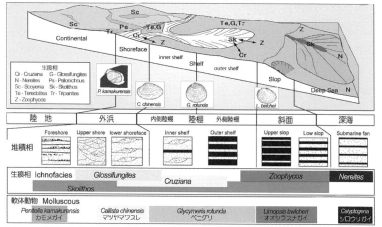

図2-6　海浜から深海までの堆積相と化石相.

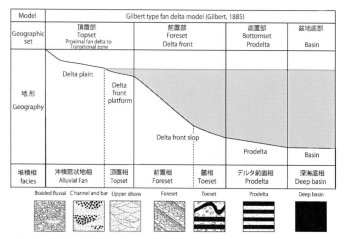

図2-7　ギルバート型ファンデルタシステムとその堆積相.

デルタシステム：三角州（デルタ：Delta）は，海や湖へ河川から大量
の堆積物が運搬されて海（湖）側へ海（湖）岸線が前進して形成され
る，陸側（地殻）の隆起期（海退期）または海面停滞期の堆積システ
ムである．デルタのうちギルバート型ファンデルタ（Gilbert, 1885）
は，海岸や湖岸から沖合にむかって急激に深くなるような海底や湖底
に，山地が海岸に迫った河川から大量の粗粒（礫質）堆積物が供給さ

れる場合に形成される．その形態は，山地から外浜にかけてのデルタ面（Delta plain）にあたる頂置部（Topset）と，その沖合にある急勾配のデルタ前面斜面（Delta front slop）に相当する前置部（Foreset），斜面の下部にあたる麓部（Toeset），さらに沖合にゆるく傾斜するデルタ前部（Prodelta）と盆地底部（Basin）から構成される．デルタ面の陸上部は，山地から海岸に至る幅のせまい沖積扇状地（Alluvial fan）からなる（図2-7）．

海底扇状地システム：大陸斜面の沖合にある深海平坦面や大洋底には，大陸斜面を刻む海底峡谷（Submarine canyon）を流れくだって海盆底で海底扇状地（Submarine fan）を形成しながら堆積したと考えられる堆積物がある．これらの堆積物には，ブーマシーケンス（Bouma sequence：Bouma, 1962）とよ

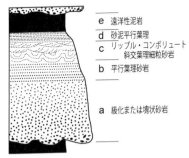

e 遠洋性泥岩
d 砂泥平行葉理
c リップル・コンボリュート斜交葉理細粒砂岩
b 平行葉理砂岩

a 級化または塊状砂岩

図2-8　ブーマシーケンス．

ばれる級化構造からなる特徴的な堆積構造がみられ（図2-8），混濁流（Turbidity current）により運ばれたと考えられる．この混濁流によって形成した堆積物は，タービダイト（Turbidite）とよばれ，波の影響のまったくない深い海（湖）盆底で形成される．海底扇状地システム（図2-9）では，堆積物を供給したチャネルから海底扇状地の上部から下部および中心部から周辺部にむかって，水平的に粗粒から細粒の岩相変化がみられる．また，海盆の海底扇状地斜面では砂は流下してしまうので泥層が堆積し，砂層は海底扇状地に堆積する．

4) 石灰岩とサンゴ礁の堆積物

石灰岩は，生物起源の堆積岩で，サンゴ礁およびその周辺や石灰質軟泥分布地域で形成される．そのため，石灰岩には生物の殻の破片や痕跡，すなわち化石が相当量含まれ，その多くは化石からできている岩石といってもよい．

石灰岩は，その組織が粒子によって支持されているか，泥質な基質

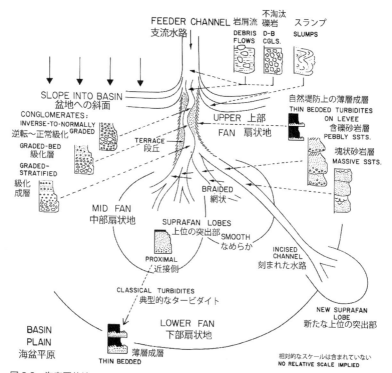

図 2-9　海底扇状地システム（Walker, 1979）.

によって支持されているかで大きく分類される．図 2-10 に Dunhum（1962）による石灰岩の分類を示す．この石灰岩の分類は，石灰泥が堆積するところで石灰岩が形成されたか，波や水の流れの影響のある石灰泥が堆積できなかったところで形成されたかという，堆積環境のちがいや構成粒子から具体的なサンゴ礁の堆積環境を推定することができる．

　粒子により支持されている岩石をグレインストーン（Grainstone），泥の基質により支持されている岩石をワッケストーン（Wackestone）とよび，さらにほぼ石灰泥だけ（0～10％）からなるものをマッドストーン（Mudstone），粒子に支持されているが石灰泥を含むものをパックストーン（Packstone），礁をつくる石灰質の生物からなるものをバウンドストーン（Boundstone）とよび，区別する．

　石灰岩は，サンゴ礁に生息する造礁サンゴや腹足類，二枚貝類，石灰海綿類，石灰藻類など石灰質の殻をもつ生物の殻の破片（化石：

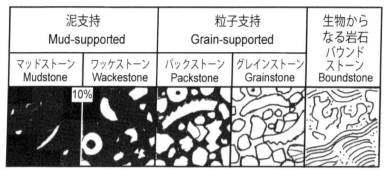

図2-10　石灰岩の分類（Dunhum, 1962）.

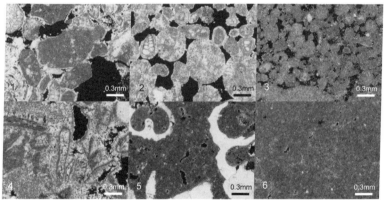

図2-11　第一鹿島海山山頂部の石灰岩の薄片写真でみる石灰岩の組織と粒子（Shiba, 1988 より）. 1）内砕屑物を含むグレインストーン, 2）魚卵状粒子からなるグレインストーン, 3）ふん状粒子からなるパックストーン, 4）化石片を含むパックストーン, 5）腹足類の殻を含むワッケストーン, 6）マッドストーン.

Fossil）や浅海での炭酸カルシウムの過飽和から形成される石灰質微粒子（石灰泥：Lime mud ないしミクライト：Micrite）から構成される. 石灰岩の構成粒子にはそれ以外に, 魚卵状粒子（ウーイド：Ooid）や石灰岩じたいの砕屑物（内砕屑物：Intraclast）, ふん石状粒子（ペレット：Pellet）などがある. また, 石灰岩の空隙をうめるセメント物質をスパー質方解石（Sparry calcite または Sparite）とよぶ. 図2-11に第一鹿島海山の山頂から得られた白亜紀中期の石灰岩の薄片写真（Shiba, 1988）を示す.

　石灰岩はおもにサンゴ礁で形成されることから, 礁前面の岩礁（Buildup）や海浜（Shore）などの浅海で形成されるものは，波や水の流れに強く影響をうける．一方，礁湖（Lagoon）や沖合の斜面（Offshore slope）〜深海（Deep sea basin）で堆積するものは波や水の流れにほとんど影響されない．また，石灰岩の構成粒子の特徴と堆積構造を観察することで，その岩石がサンゴ礁のどのような場所で堆積したかもより詳しく推定することができる．図 2-12 に Wilson（1975）による炭酸塩礁の岩相断面と石灰岩の岩相の詳細を示す．

　サンゴ礁は，熱帯から亜熱帯の暖かくて，水の澄んでいる浅い海底に形成される．それは，造礁サンゴが光合成をする藻類と共生して生育するためであり，海水中で光のとどく水深 50 m までの海底で，暖かくて水の澄んだ海域でなくてはサンゴ礁が形成されない．そのため，サンゴ礁の発達するところは，熱帯から亜熱帯でも，大量の砂泥を運ぶ大きな河川がないところか，それらの河川からの砂泥が流入しない海域，または大陸から離れた島々などに限られる．

　ダーウィンは，彼の最初の論文である『サンゴ礁の構造と分布』で，図 1-3（11 頁参照）で示したようにサンゴ礁を裾礁，堡礁，環礁に区分し，サンゴ礁が海底の沈降によって，裾礁から堡礁，そして環礁へと段階的に形成したことをのべた．このサンゴ礁の形成は，海底の沈降によっても形成されるが，図 2-13 のように海水準の上昇でも説明できる．

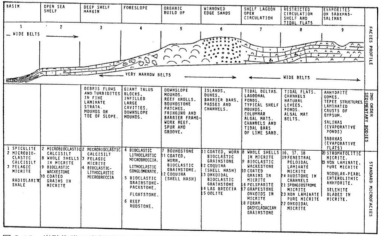

図 2-12　炭酸塩礁の岩相断面と石灰岩の岩相（Wilson, 1975 ）.

今から約2万年前のウルム氷期には，海水準は現在よりも約100 m低く，その後に海水準は上昇して現在の水準に至った．この過程で，サンゴ礁は100 m上方に成長した．すなわち，サンゴ礁の石灰岩層の厚さは，サンゴ礁が隆起していない場合，海水準の上昇量に相当すると考えられる．

マーシャル諸島のビキニ環礁とエニウェトク環礁は，1946～1958年にアメリカ軍の地下核実験場となった．そのときの掘削ボーリングでは，

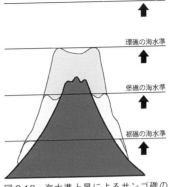

図 2-13　海水準上昇によるサンゴ礁の形成と沈水.

ビキニ環礁では深度779 m，エニウェトク環礁では深度1,400 mまでサンゴ礁石灰岩からなり，エニウェトク環礁ではボーリングの基底で陸上噴出の玄武岩基盤に到達した．Ladd et al.（1953）によれば，エニウェトク環礁では基底から深度884 mまでは始新世の石灰岩で，その上に漸新世の地層が欠如して中新世のサンゴ礁石灰岩が深度183 mまで連続している．ビキニ環礁では最深部で中新世のサンゴ礁石灰岩でその上位の岩相と時代はほぼエニウェトク環礁と同じ結果がえられた．このことから，両環礁では始新世（約5000万年前）から現在までに，始新世と中新世の石灰岩のそれぞれの上位に不整合をともないながら約1,400 m沈降または海水準が上昇したことになる．

同様のサンゴ礁の沈水は，北アメリカの南東のフロリダ半島とその南のバハマ諸島でもみられ，フロリダ半島のブレイク海台では約3,000 mの深さに，バハマ諸島では約4,500 mの深さに今から1億年以上前（白亜紀前期）のサンゴ礁石灰岩があり（図2-14），どちらもそこから連続して上位により新しい時代のサンゴ礁石灰岩が累積して現在に至っている（Sheridan and Enos, 1979；Hollister et al., 1972）．

5)　地層はどのように形成されるのか

地層はどのように形成されるのか．私は40年以上地層を調査してきたが，最初の20年間は地層が存在することについて何も疑問をもたなかった．しかし，その後に地層が形成し保存され，さらに海で形成され

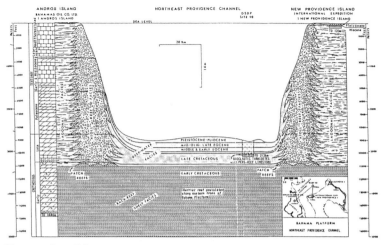

図2-14 バハマ諸島のサンゴ礁の断面 (Hellister et al., 1972).

た地層（海成層）が陸上で見られるということが，現在の自然現象から
みていかに特別なことであるかということに気づいた．

　地層をつくるためには，泥層や砂層，礫層など陸源性の地層であれば，
まずその地層を構成している，①泥や砂，礫など砕屑物の供給が必要で
ある．そして，それが堆積するための，②堆積空間が用意される必要が
あり，そして③それが保存され累積して，地層が形成される．

　前項で示したサンゴ礁の場合，①の堆積物の供給はサンゴ礁の上での
生物生産によっておこなわれるため，外部からの①堆積物の供給という
条件が省かれる．

　地層をつくるための最初の条件である，①の砕屑物の供給には，供給
河川が必要であり，その河川に砕屑物を供給する後背地の相対的隆起
（または海水準の相対的下降）が必要である．②の堆積空間の形成と③
の地層の累積には，地殻の相対的沈降（または海水準の相対的上昇）が
必要である．すなわち，地層が形成されるためには，地殻の相対的隆起
と沈降，または海水準の相対的下降と上昇が，ほぼ同時に起こらなくて
はならない．

　従来，地質学者は，陸側は隆起して海側は沈降するという単純なモデ
ルでそれを説明していた．しかし，海水準は上下に変化するため，陸地
と海水準の接合部がつねに地殻の上下変動の境界とはなりえない．また，

① 砕屑物の供給	：相対的隆起　または　海水準降下
② 堆積空間	：相対的沈降　または　海水準上昇
③ 累積して保存	：相対的沈降　または　海水準上昇

この3要素が同時にはたらき地層が形成される

地殻		海水準		地球
隆起	と	上昇	➡	膨張
沈降	と	降下	➡	縮小

図 2-15　地層形成のための地殻の隆起・沈降と海水準変動の関係.

陸上には海底に堆積した地層が分布しているが，これは海側の地殻も隆起することを示している．すなわち，陸側は隆起して海側は沈降するという単純なモデルは成立しないことになる．同様に，海水準が陸側では下降し，海側では上昇するということも矛盾する．

　したがって，地層が形成するには，地殻が隆起して海水準が上昇するか，または地殻が沈降して海水準が下降するかのどちらかが起こったことになる．海水量が一定であれば，海洋底を含む地殻が隆起して海洋底が上昇すれば，海水準も底上げされて上昇し，前者の現象が起こる．反対に地殻が沈降して海洋底も沈降すれば，海水準は下降して後者の現象が起こる．前者が起こりつづけて，地層ができれば地球は多少ではあるが膨張しつづけることになる．また，後者の場合，地球は収縮することになる（図 2-15）．

　アルプス山脈の形成を論じた Suess（1885-1909）をはじめ従来の地質学者は，褶曲山地の形成をめぐって地球が収縮することを前提としていた．しかし，プレートテクトニクスでは，水平方向にプレートが移動するという地殻の循環的な運動で地球のテクトニクスを説明することから，地球じたいの収縮と膨張が考慮されていない．したがって，プレートテクトニクスでは，地層はそれぞれの構造場でのプレートの沈み込みなどによって沈降と堆積があり，プレートの衝突などさまざまな要因によって隆起が起こるとしている．すなわち，プレートテクトニクスでは垂直的な地形変化は二次的なものとされている．

　地層がどのように形成したかを，世界中の大陸縁辺の地層を調べて一般化した試みが，Haq et al.（1987）によって提案された．彼らは，世

界中の大陸棚や大陸斜面での音波探査と掘削などの膨大な石油探査記録をもとに，海底の地層の重なりと分布を調べ，地層が連続する三つの特徴的な重なり（堆積体）から構成されている単位に区分できることを明らかにした．

その地層の一つの単位を，彼らはシーケンス，正確には第3オーダーシーケンスとよんだ．そして，それは海水準変動と地殻の沈降によって形成されたと説明した．そして，彼らは地質時代ごとの海水準の変動量をもとに，中生代以降の海水準の変化曲線を提案した．このシーケンスによる地層形成モデルは，地層の形成を明確に説明したものとして非常に重要である．ただし，このモデルは，大陸縁辺の地殻がほぼ同じ速さで沈降するということが前提条件となっていること，海水準が上下に変化する原因が明確でないということの，二つの問題をもっている．

6) 堆積シーケンスと海水準変動

Haq et al.（1987）の地層形成のモデル（図2-16）では，海水準が相対的に下降して大陸斜面に堆積物が供給され，つづく海水準の上昇で海進が起こり，陸棚域に堆積がおこなわれ，そして海水準が停滞してそれらをおおって堆積がおこなわれたとした．このような海水準変動が起こる過程で，それぞれの時期にそれぞれの堆積体が形成される．

最初の海水準下降期には低海水準期堆積体（LST：Lowstand system tract），海水準上昇期には海進期堆積体（TST：Transgressive system tract），その後の海水準停滞期には海進期にひろがった堆積空間をうめるかたちで高海水準期堆積体（HST：Highstand system tract）が堆積する．この地層形成のモデルは，私が研究してきたさまざまな地層の形成過程を説明することを可能にした．

しかし，地層がなぜ存在するのかという謎は，一つの海水準変動によって形成された地層の単位（シーケンスセット）が保存され，さらにその上に新しいシーケンスセットがつぎつぎと重なっているという事実があることである．一つの海水準変動によって地層は形成されても，それらが保存，すなわち相対的に地殻が沈降しなければ，形成された地層は削剥されて残らない．

地層を保存した相対的な沈降を，Haq et al.（1987）は大陸縁辺の地殻がほぼ同じ速さで沈降したとした．しかし，私は地層を保存した相対

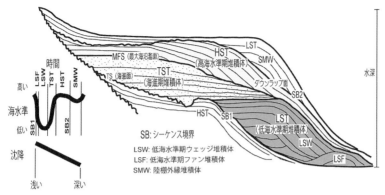

図 2-16　Haq et al. (1987) による堆積シーケンスモデル.

的な沈降は，地殻の沈降ではなく海水準上昇であり，それにより地殻が
沈水したと考えている．そして，Haq et al.（1987）の海水準の降下とは，
海水準の降下ではなく地殻の上昇（隆起）であると考える．

　Haq et al.（1987）の海水準変化曲線で特徴的なことは，シーケンス
境界の海水準降下が曲線ではなく直線になっていることである．この直
線的な海水準降下について，Haq et al.（1987）は明確な見解を示して
いないが，これはまさに急激な地殻の隆起をあらわし，みかけ上の海水
準降下と思われる．したがって，Haq et al.（1987）の海水準降下を地
殻の隆起と考えれば，海水準は降下せずに上昇しつづけることになる．

　図 2-17 に Haq et al.（1987）の海水準変化曲線のもととなった Vail et
al.（1977）の曲線を，海水準下降を隆起におきかえ，海水準上昇と別に
してそれぞれを累積したグラフを示す（Shiba, 1992）．この図によると，
白亜紀以降に海水準は 4,000 m 以上上昇したことになる．

　なお，Haq et al.（1987）のモデルでは，海進期と高海水準期の境界
で海水準がもっとも高くなり下降に転じることから，その面を最大海氾
濫面（Maximum flooding surface）とよぶ．海進期には堆積物は陸側に
堆積して，沖側に堆積物がほとんど堆積せず，薄い地層に時間が凝縮
されるため，最大海氾濫面の沖側延長部を凝縮層（Condense section）
とよぶ．したがって，沖合では低海水準期堆積体の上に高海水準期堆
積体がほぼ直接重なり，沖合により新しい地層が前進しながら累重
（Prograde）する．この高海水準期堆積体の底部をダウンラップ面

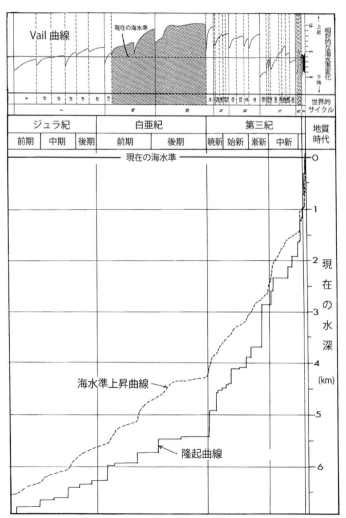

図 2-17　Vail et al.（1977）の海水準変化曲線（Vail 曲線）を，海水準の下降を隆起におきかえて累積した地殻の隆起曲線とした．一方，海水準曲線は上昇量のみを累積させて海水準上昇曲線とした（Shiba, 1992）．地域ごとに隆起量をかえることにより，両曲線の重なりからその地域の不整合や海進・海退が表現される．鮮新世以降，隆起量が増大していて，隆起曲線が海水準上昇曲線を上まわっている．

（Downlap surface）とよぶ.

このダウンラップ面では海進期にほとんど地層が形成されないために，その上位と下位で海進期の期間に相当する時間間隙が存在する．しかし，両者の岩相と地質構造にあまり変化がみられない場合が多く，陸上に分布する地層ではこれまでそれらは整合の地層とされ，その時間間隙がほとんど見逃されていた．

7) 地層の不連続性

地層はその地層が堆積した地質時代の記録を残しているものであるが，地層が形成される仕組みを示した堆積シーケンスモデルをみても，地層の重なりは時間的にも空間的にも不連続であることがわかる．

それだけでなく，たとえばタービダイト層の形成では，一つのタービダイト層が形成されるのは1回のイベント，すなわち地震などによる地すべりのように一瞬の出来事であるが，それは毎日起こるわけでない．そのため，上下に重なる二層のタービダイト層の間には，数十〜数百年間の時間が欠如していることになる．

単層とは上下の層理面によって境された地層であり，単層の上下の境界面にあたる層理面は，環境がはっきりと変化したか時間が欠如したことにより形成されるもので，層理面は連続的な環境変化では形成されない．したがって，層理面の上下ではなんらかの時間間隙が存在することになる．すなわち，地層の重なりの間には，時間の長さはさまざまだが，なんらかの時間の欠如が存在し，地層は時間的に不連続に累積していることになる．

地層が連続して重なり，それらに大きな時間間隙や不連続がないことを整合（Conformity）とよぶ．上にのべたことから，整合にはすでにある程度の時間間隙が含まれている．それに対して，地層の重なりに有意な時間間隙があることを不整合（Unconformity）とよぶ．不整合は，下位の地層が海底などで形成されて，その後に隆起して陸上で浸食されて，また海底などで地層が堆積したことを意味する．

これまでのべてきたように，時間間隙の存在しない真に整合である地層の重なりはほとんどなく，地層の重なりの間にはなんらかの時間間隙を含んでいる．二つの地層の間にみられる時間間隙については，陸上浸食をともなわないものをダイアステム（Diastem：非整合）とよび，そ

の堆積しなかった期間をハイエタス（Hiatus：堆積間隙）とよぶ．第3
オーダーシーケンスでは，シーケンス境界は有意な時間間隙であり，陸
上では浸食をともなう不整合となるため，不整合とほぼ同じ意味をもつ．

8）地質系統と地質時代

　地質時代は，地球の誕生から現在までの地球の歴史を時代として刻ん
だものである．地球ができて現在まで約46億年といわれるが，私たち
が地球の時代を認識できるのは，地球上にある地層や岩体に残されてい
る記録からである．そのため，地質時代はその時代に堆積した地層をも
とに設定されている．そして，地質時代を設定した地層を地質系統とよ
ぶ．

　地質時代はその時代に堆積した地層が存在することから設定されてい
る．したがって，地層が残っていない地質時代（地球の時間）について
私たちは認識できない．すなわち，地球の歴史の1万年間を1頁とする
本に例えれば，それは46万頁もある分厚いものになるが，その本は頁
が相当に抜け落ち（落丁し）たもので，私たちは残ったほんのわずかな
頁から地球の歴史をひも解いているにすぎない．

　皆さんは，地質時代を時計が時を刻むように，途切れのない連続した
ものと考えているかもしれない．しかし，それは時代を認識するため
の地層が不連続に存在するため，実際には時代も不連続に配列している．
すなわち，地質時代とは，時計のように連続して時を刻んだものではな
く，残された時の断片（ピース）を古い時代から新しい時代にむかって
並べたものにすぎない．

　地質時代を設定した地質系統（Geological system）とは，ある地域で
の模式地層と産出化石を記載したもので，それをもとに世界各地の地層
が対比される．すなわち，地質系統はある地質時代の範囲，すなわち年
代層序単元（紀・世・期など）を決定する基礎となる特別な地層である．
すなわち，ジュラ紀という地質時代はジュラ系という地層が堆積した時
代を示すもので，各地質系統により地質時代が設定されている．

　地質系統，すなわち年代層序単元は階層的に区分され，高い方から順
に累界（Eonothem），界（Erathem），系（System），統（Series），階
（Stage）となる．地質時代（Geological time）は，地質系統をもとにし
た相対的な過去の時間尺度であり，地質年代単元は高い方から順に，累

表 2-4　地質年代表（Ma は 100 万年）．年代値はその始まりの値を示す．2020 年 1 月の国際層序表にもとづく

累代	代	紀		年代値
顕生累代 Phanerozoic Eon	新生代 Cenozoic Era	第四紀	Quaternary Period	2.58 Ma
		新第三紀	Neogene Period	23.03
		古第三紀	Paleogene Period	66.0
	中生代 Mesozoic Era	白亜紀	Cretaceous Period	145.0
		ジュラ紀	Jurassic Period	201.3
		三畳紀	Triassic Period	251.9
	古生代 Paleozoic Era	ペルム紀	Permian Period	298.9
		石炭紀	Carboniferous Period	358.9
		デボン紀	Devonian Period	419.2
		シルル紀	Silurian Period	443.8
		オルドビス紀	Ordovician Period	485.4
		カンブリア紀	Cambrian Period	541.0
原生累代　Proterozoic Eon				2500
太古累代（始生累代）Archean Eon				4000
冥王累代　Hadean				4600

代（Eon）→代（Era）→紀（Period）→世（Epoch）→期（Age）となる．そして，地質系統と地質時代の単元の関係は，高い方から順に，累界 – 累代，界 – 代，系 – 紀，統 – 世，階 – 期となる．

　放射年代とは，岩石（鉱物）に含まれる放射性同位体の崩壊量を計測するなどして，その時代が現在から何年前かという年代値を求めたものである．それには，炭素やウラン，カリウムなどの放射性同位体，フィッショントラックなどを用いた方法がある．放射年代は，時代を今から何万年前というように数字（絶対値）であらわすことから，絶対年代とよばれることがある．しかし，絶対年代の絶対値は毎年改訂されるもので，絶対に変化しない値ではない．

　表 2-4 に国際地質科学連合（IUGS）の国際層序委員会によって 2020 年 1 月に公表された国際層序表の地質系統を地質時代表記にかえて地質年代表として示した．年代値はその時代の基底の年代値を示す．なお，2009 年に第三紀（Tertiary）は廃止され，第四紀がカラブリアン階の基底からゲラシアン階の基底の 2.58 Ma（Ma は 100 万年前）以降と引下げられた．

9) 地質系統の名前

　地質系統とそれにしたがって定義された地質年代の名前は，聞いたことのない名前が多く，一般には違和感をうけるかもしれない．それは，それらの地層が分布する地域や地層の特徴，地層の重なりの順番などから名づけられたため，統一したきまりがないことに原因がある．

　古生界の地質系統は，ペルム系を除いてすべてイギリスのウェールズ地方で命名定義された．カンブリア系は砂岩層からなり，ウェールズの古いよび名からその名前がつき，オルドビス系とシルル系はおもに泥岩層からなり，ウェールズ地方にローマ時代に住んでいた民族の名前から，デボン系は石灰岩層と赤色砂岩層（Old Red Sandstone）からなりイギリス南部のデボン州の名から命名された．また，石炭系は下位から石灰岩層と石炭層からなり，石炭層はイギリスの産業革命当時に採掘の対象となった地層である．

　イギリスでは，石炭系の上位には中生界の三畳系の赤色砂岩層（New Red Sandstone）が重なるために，それ以上古生界の地層が認められない．しかし，ヨーロッパの東側に地層の連続をたどると，ロシアのウラル山脈のペルム地方に石炭系と三畳系との間の地層が存在することから，その地層を模式としてペルム系が定義された．なお，ペルム系はドイツにも分布し，ドイツでは下位から砂岩層と石灰岩層の上下二層の地層からなることから二畳系とよばれる．日本ではかつてドイツの地層名が使用されたことから，ペルム紀を二畳紀という場合がある．

　中生界の地層系統は，地層の特徴と地域の名前から命名されている．三畳系は，ドイツに分布するこの時代の地層が，下位から赤色砂岩層，石灰岩層，雑色砂岩層という三層の地層から構成されていることから命名された．ジュラ系は，スイスとフランスの国境に位置するジュラ山脈に分布する海成の地層から命名された．白亜系は，「白亜」すなわち白い石である石灰岩の地層が特徴的であり，イギリスとフランスとのドーバー海峡の両岸に白亜紀後期のチョーク（遠洋性の細粒石灰岩）からなる白亜の海崖（図 2-18）があり，その白亜の地層に由来する．

　ヨーロッパでは白亜系の下部はサンゴ礁石灰岩からなり，上部はこの遠洋性のチョークからなることが多い．このような中生界の地層を概観すると，三畳紀には陸域の環境が広く分布し，広域に平坦化された陸域

図2-18　ドーバー海峡の白亜の海崖（写真提供：佐藤 武）.

にジュラ紀に海進があって海底となり，白亜紀前期には周辺に大河川がない環境でそこがサンゴ礁の島々が分布する海となり，そして白亜紀後期にはそれらが深く沈んで遠洋の環境になったと考えられる.

　同様に古生界の地層を概観すると，古生界では各系の間に大きな不整合をはさむが，カンブリア紀には浅い海底があり，オルドビス紀には海は深くなるが，シルル紀にまた浅くなり，デボン紀には陸上となり，石炭紀にはサンゴ礁が形成された後に陸上植物を埋積した沼沢地が広がり，ペルム紀前期に陸化し，その後ヨーロッパ東部に海が浸入していった.

　古生代には，カレドニア造山運動とバリスカン造山運動がヨーロッパで知られている．カレドニア造山運動は，イギリスのスコットランドからスカンジナビア半島西部にかけて分布する造山帯でみられ，カンブリア紀からシルル紀の地層が褶曲や断層による変形や変成作用をうけ，デボン紀の赤色砂岩層に不整合におおわれる．バリスカン造山運動は，ヘルシニアン造山運動ともよばれ，中部ヨーロッパのデボン紀から石炭紀の地層が変形をうけ，ペルム系におおわれる.

　なお，地質時代の名前について，古生代より古い時代は一般に先カン

表 2-5　新生代の地質年代表（Ma は 100 万年）．年代値はその始まりの値を示す．2020 年1 月の国際層序表にもとづく

紀	世		年代値
第四紀 Quaternary Period	完新世	Holocene Epoch	0.0117 Ma
	更新世	Pleistocene Epoch	2.58
新第三紀 Neogene Period	鮮新世	Pliocene Epoch	5.333
	中新世	Miocene Epoch	23.03
古第三紀 Paleogene Period	漸新世	Oligocene Epoch	33.9
	始新世	Eocene Epoch	56.0
	暁新世	Paleocene Epoch	66.0

ブリア時代（Pre-Cambrian Eon）とよばれる．また，この時代は多細胞生物がほとんどいなかったことから隠生累代（Cryptozoic Eon）とよばれ，その後の多細胞生物に富む時代は顕生累代（Phanerozoic Eon）とよばれる．

　第三系や第四系については，かつて新生代より前の地層を第一系と第二系とよび，新生代の地層を第三系や第四系とよんでいたときの名前が残ったものである．第一系から第三系までは現在までに廃止された．第三系は Paleogene と Neogene に区分されているが，日本ではそれらの新訳語が決定していないため，本書では従来からの「古第三系」と「新第三系」を使用する．なお，Paleogene は「古成紀」，Neogene は「新成紀」とする提案もあるため，このような表記をする地質年代表もみられる．

　なお，新生代を細分した地質時代を表 2-5 に示す．新生代の世の区分は，ライエルにより各地層の貝化石群集に含まれる現生種の割合をもとにおこわれた．そのために，地域や岩相の特徴をあらわした名前ではなく，時代の順番を示す語が用いられている．

掛川層群の堆積シーケンスと生層序層準

　静岡県の牧之原市から菊川市，掛川市，袋井市にかけて鮮新世から更新世前期にかけて海底で堆積した掛川層群とよばれる地層が分布する．掛川層群には貝化石が多く含まれ，古くから地層や化石に関する多くの研究がおこなわれてきた．掛川層群は，北西側の浅海部をのぞいてほとんどの地層が堀之内互層とよばれるタービダイトからなる．堀之内互層は岩相と構造が全体を通じてほとんど変化しないため，これまでの研究では掛川層群の地層は整合一連のものとされてきた．

　しかし，私たちは堀之内互層の岩相とそれにはさまれる火山灰層を詳細に確認してその連続を調査した結果（柴ほか，2000；柴ほか，2010），掛川層群がHaq et al.（1987）の第3オーダーシーケンスが二つ重なったものから構成されることを明らかにした（柴，2005；柴ほか，2007）．

　掛川層群上部層の南東から北西にかけての地質柱状を並べたものを図1に示す．掛川層群上部層は，下位から上内田層と，大日層，土方層に区分できる．大日層と土方層では，海浜から沖合にかけての堆積相である．

　相対的な海水準の上昇や降下，または海水準の停滞によって，地層の垂直方向の岩相変化が形成する場合がある．たとえば，急激な海水準の上昇により，それまで波浪の影響のある砂底だったところが，より深い泥底に変化す

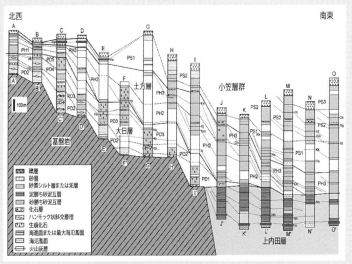

図1　掛川層群上部層の地層柱状と堆積シーケンス（柴ほか，2007を一部改変）．

る．この堆積相が急激に変化する地層境界面は，海水準が上昇したことから海氾濫面（Marine flooding surface）とよぶ．そして，上下を海氾濫面で区切られた，海水準の上昇から次の海水準の上昇までの地層の範囲を，パラシーケンスセット（Parasequence set）とよぶ．このパラシーケンスセットが大日層には五つ，土方層には三つ認められる．

　海氾濫面は，第3オーダーシーケンスの海進期堆積体と高海水準期堆積体の境界である最大海氾濫面（Maximum flooding surface）と名前が似ているが異なり，よりオーダー（規模）の小さい海水準上昇によって形成される海水準の上昇をあらわす面である．

　地層にはさまれる火山灰層やパラシーケンスセットの認定によって，大日層は上内田層に対してオンラップ（Onlap：上に覆い重なるように）して，陸側にバックステップ（Back step：段階的にあとずさり）して堆積し，土方層は下位の大日層と上内田層に対してダウンラップ（Downlap：沖合に前進）して堆積している．

　このことから，上内田層は低海水準期堆積体に，大日層は海進期堆積体，土方層は高海水準期堆積体にそれぞれ相当し，掛川層群上部層は一つの第3オーダーシーケンスを形成する．そして，土方層の上内田層に対するダウンラップ面では，上内田層の堆積後に北西側で堆積した大日層と土方層の地層が欠如している．

　従来の微化石層序学の研究者は，掛川層群の堀之内互層が整合的に重なっているようにみえることから，下位から連続的に試料をサンプリングして微化石の垂直的な分布を調べ，ある種が出現したり消失したりする層準を決定して，それを水平方向に連続させた層準をそれらの種の出現または消失した同時間面（Surface またはDatum）とした．

　しかし，それらの同時間面は同一時間に形成されたものではなく，シーケンス境界や堆積体の境界にあたることが明らかになった（柴ほか，2007）．たとえば，高海水準期堆積体にあたる土方層の基底からは，約200万年前に温帯域で出現する浮遊性有孔虫の *Globorotalia truncatulinoides* が出現する．そのため，茨木（1986）は *Globorotalia truncatulinoides* の出現層準をDatum 21としてこの層準を同一時間面とした．しかし，土方層の基底は北西側の浅海域から南東側の沖合にかけて堆積物が順次重なる，いわゆるダウンラップ面にあたり，沖合により新しい地層が累積している．したがって，土方層の基底は *Globorotalia truncatulinoides* が出現した以降に堆積した地層とそれ以前の地層との境界であるということであり，図2で示すようにDatum 21は190〜180万年前にあたり同時間面ではない．そして，その下位の地層との時間間隙は最大で50万年もある．

　このように，整合的にみえる地層の重なりの中に認められる同時間面とさ

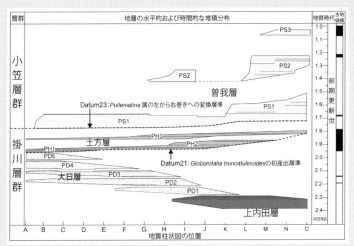

図2　掛川層群上部層の地層（パラシーケンスセット）がどこにいつ堆積したかを示す図（柴ほか，2007を一部改編）．Datum 21も23も堆積する場所によって堆積がはじまる時間が異なっているためどちらも同時間面ではない．点線は火山灰層．A〜Oは図1の地質柱状図の位置にあたる．

れる多くの層準は，堆積体の境界にあたる可能性があり，それが有意な時間間隙が存在するために境界面の上下の地層に含まれる化石の種類には不連続が生じていると思われる．このことからも，地層はつねに連続して堆積するのではなく，堆積体ごとに時間的に不連続に堆積したことがわかる．したがって，層序境界を設定する際には，まず堆積体を区別して地層がどのように堆積したかを明らかにする必要がある．

2-3 生物学的方法

化石は過去に生息した生物の証拠である．このことから，古生物学では
生物そのものとその生活のしかたや分布を知らなくてはならない．そし
て，そのことから過去の生物がどのようなもので，どのように生きて，
時間と空間の中でどのように系統をつなげてきたかを知ることによって，
地球の環境と生命の歴史をたどることができる．

1) 生物とその基本構造である細胞

　生物とは，自己を保持し代謝をおこない，かつ複製または進化する機
能をもったものであり，細胞（Cell）からなる．細胞とは，外界から隔
離された生物の基本構造で，DNA を包むはっきりした核をもたない原
核細胞と核をもつ真核細胞がある．

　原核細胞は，細胞膜の中に懸濁したリボソームと DNA の集まった核
様体があるだけの単純な構造をしている．それに対して真核細胞は，原
核細胞にくらべて数十倍も大きく，細胞膜の中に細胞骨格と膜によって
構造化され，細胞質の中に核とミトコンドリア，ゴルジ装置，中心小体，
小胞体，リソソームなどの細胞内小器官がある（図2-19）．

　真核細胞では，核に集約されている遺伝子から転写されたタンパク質
を細胞質内の細胞骨格や小器官を連結して運動するモータータンパク質

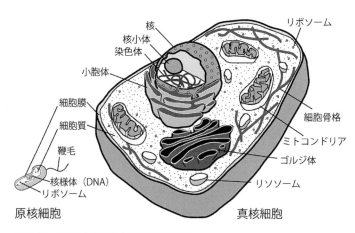

図 2-19　動物の原核細胞と真核細胞の構造．

の発達で，物質を効率よく輸送することができる．

　細胞の活動エネルギーは呼吸によって得られる．呼吸とは，有機物を分解したときに生じるエネルギーをアデノシン三リン酸（ATP）のかたちで取りだす反応で，ATPは細胞内でさまざまな反応に用いられる．ほとんどの生物で，ブドウ糖をピルビン酸に分解してブドウ糖1分子あたりATPを2分子つくる解糖系反応がおこなわれている．それによってできたピルビン酸を，真核細胞はミトコンドリアの中で酸素を用いるクエン酸回路の反応系によって水と二酸化炭素に分解して，ピルビン酸1分子からATPを36分子つくる．この反応は酸素呼吸とよばれる．

　それに対して，嫌気性の原核細胞はピルビン酸をアルコールや乳酸，酢酸などに分解し，ピルビン酸1分子からATPを2分子つくるだけである．この反応は発酵とよばれる．原核細胞の発酵にくらべ，真核細胞の酸素呼吸はエネルギー効率がはるかに高く，このことが真核生物の繁栄の基礎となった．

　細胞を構成する物質のほとんどはタンパク質と脂質からなる．タンパク質はアミノ酸の重合体で，ふつう数十〜数百のアミノ酸が結合してタンパク質をつくる．タンパク質は生物の細胞や体をつくるだけでなく，化学反応の触媒や物質の輸送や貯蔵，運動の制御などさまざまに機能している．脂質のうちリン脂質は重要で細胞膜をつくる．細胞膜はタンパク質の拡散を防ぎ，ATPを生成してエネルギー源をつくり，酵素をその中に埋め込むことができる．

　生命の複製機能を支配するDNA（デオキシリボ核酸）は，自己複製能力があり，タンパク質を決定する能力がある．DNAからタンパク質への遺伝伝達は，RNA（リボ核酸）を介してDNAの塩基配列として書かれた情報を複製し保存し，必要に応じてmRNAへと転写されてリボゾームで翻訳されてタンパク質が合成される．核酸を構成するヌクレオチドは糖とリン酸基が結合した化合物の総称で，ATPもその一種である．

　細胞には，DNAやタンパク質，さまざまなヌクレオチド，アミノ酸，糖，脂質などの有機化合物があり，それらはそれぞれの役割をはたしている．その中でDNAの遺伝情報にもとづいてつくられるものはRNAとタンパク質であり，あとのものはタンパク質によって合成され各種の反応がおこなわれる．このタンパク質によっておこなわれる反応が代謝（Metabolism）であり，このDNAから始まる細胞の代謝が細胞

活動を維持し，新たな細胞をつくるという生命活動になる．したがって，DNAだけでは代謝はできず，DNAだけをもつ遺伝機能体であるウィルスは一般に生命体とよばない．ウィルスは生きている細胞があってそれに寄生して初めて機能するものである．

2) 生物分類

生物分類の基本単位は種であり，種は生物学的には「形態上お互いに一致し，交配能力があり，他の同様の集団と生殖的に隔離されているもの」と定義される．すなわち，種は生物学的には生理的な相違によって区別される生物単元となる．

古生物学的な種は，古生物が化石として認識されるため，「おもに形態的に類似し，他の同様の集団と区別されるもの」と定義される．そして，系統樹上では現在の生物の種は現在という横断面の各分類群の中に位置しているのに対して，古生物の種は系統樹の立体中の時間軸と系統軸の交点に位置し，それは動的なものの一部にあたる．

生物の分類（Classification）は，生物の属性の類似に着目してそれを帰納的に統合して体系立てることであり，本来，系統的に動的な自然物を静的にとらえて分類する．そのため，分類は分類する研究者の主観によって異なることから人為的なものになる．とはいっても，生物を理解するために分類は必要で，リンネ以来生物学者は地球上の生物を分類記載してきた．

図2-20に，これまで生物分類の主流だった五界説による分類系統図を示す．五界説では，生物を菌界，モネラ界，原生生物界，植物界，動物界の五つの界に区分している．しかし，1990年代以降，異なる種類の生物のDNAあるいはRNAを比較することによって，類縁関係や系統分岐の時期のちがいがわかるようになってきた．そのため，最近では生物分類の界の上位に真正細菌（ユークバクテリア），古細菌（アーキバクテリア），真核生物という三つのドメインが置かれている．

このドメインの分類では，モネラ界を真正細菌ドメインと古細菌ドメインに分け，残りの原生生物界，菌界，植物界，動物界をまとめて真核生物ドメインとしている．なお，Williams et al.（2013）によれば，真核生物を古細菌ドメインに含め，生物の基本的なドメインは古細菌と真正細菌の二つのみであるとしている．

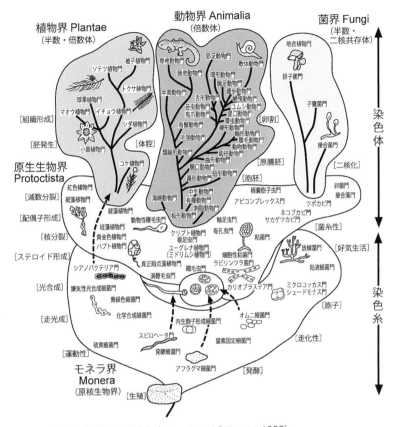

図2-20　生物界（五界）の系統図（Margulis and Schwartz, 1982）.

　生物分類の階層については，大きな階層から，ドメイン，界，門，綱，目，科，属，種という順になる．このような各階層の，固有の性質と特徴によって区別される生物分類上の一群を，タクソン（Taxon），すなわち生物分類単位（単元）とよぶ．タクソンの複数形はタクサ（Taxa）で，各タクソンは生物命名法にもとづいた固有名をもつ．

　タクソンのラテン語またはラテン語化した名称を学名（Scientific name）という．動物の種の学名は，二名法の原則にしたがって左から右に，属名→種小名→命名者名の順につけられる．属名と種小名はイタリック体で書き，属名の頭文字は大文字．亜属名は（　　）に入れて属名のあとにつける．属の変更があった場合，命名者名を（　　）に入れる．

新種名は，模式標本が設定され命名される．

　たとえば，ニホンジカの学名は，*Cervus nippon* Temminck であり，*Cervus* は属名で，*nippon* は種小名で，Temminck が命名者名である．シカ属について Sclater が *Sika* という亜属を設定したが，亜属を表記すると，*Cervus* (*Sika*) *nippon* Temminck となる．もし，亜属を属に昇格させると属名が変更したので命名者名が（　）でくくられて，*Sika nippon* (Temminck) となる．また，Kishida が記載したニホンジカの亜種のホンシュウジカの表記は，*Cervus nippon centralis* Kishida となり，*centralis* が亜種名となる．

　一つのタクソンに適用した二つ以上の名称をそれぞれ同物異名（シノニム：Synonym）とよび，タクソンの分類記載にあたってはシノニムを整理して記載する．かつてブロントサウルス（*Brontosaurus*：雷竜）とよばれた恐竜が，それより以前に命名されていたアパトサウルス（*Apatosaurus*）だったことが判明して，ブロントサウルスという学名が今では使われなくなった．すなわち，ブロントサウルスという属名は，アパトサウルスのシノニムにあたり，命名の優先権によりブロントサウルスという属名は無効とされた．

　また，種の記載では，新種は種小名の後に n. sp. または nov. sp. を付加する．その他に類似している種には種小名の前に aff.（類似）や var.（変種）を付加し，狭義の種にあたる場合には s.s. または s. str.（厳密な意味の sense stricto）などの略語を挿入する．

　なお，生物の学名には異なった分類群で同じ名前をもつものがあり，それらは異物同名（ホモニム：Homonym）とよばれる．

　学名の読みかた，発音のしかたは，すでにラテン語を話す人がいないため，だれも正確に発音できない．日本では以前はローマ字読みやドイツ語読みが多かったが，最近では英語（米国語）読みが主流をしめている．そのため，*Tyrannosaurus* を日本語では「ティラノサウルス」，「ティランノサウルス」，「チラノサウルス」，「タイラノサウルス」など数多くのちがったよび名や書きかたであらわされている．しかし，それはそれぞれの国の研究者の発音をまねてカタカナで表記しているにすぎず，すべて同じ学名をあらわしていている．私は，ラテン語がもともと地中海語系の言葉であることから，日本ではローマ字読みすればよいと考えている．

3) 生物の体と体制

　古生物学では，種を化石の形態で区別することから，研究対象とする生物の体の形態的特徴についての十分な知識と生態について理解が必要である．ここでは，個別のタクソンの形態的特徴について個々にのべることはしないが，動物であれば殻や骨格の形態的特徴は生体の器官の機能に関連しているため，生体の構造や生態を知る必要がある．

　生物の個体は，形態的にみていくつかの基本的な体制（Organization）をそなえている．体の対称性による分類として，型（Type）がある．アメーバのように対称性をもたないものは無軸型（Anaxonia），珪藻などたくさんの対称軸や対称面をもつものは等軸型（Homaxonia），サンゴのように放射対称や脊椎動物のように左右対称ものは，対称の主軸が一つでこれを含む対称面がいくつかあることから単軸型（Monoaxonia）とよばれる．

　また，生物の体には分節があり，それが主軸と内部器官でどのような関係にあるかで分類することがある．分節に対して内部器官が分節してないものを環節（Annulation）といい，内部器官が分節しているが体表に分節がないものを偽体節（Pseudo-segment），体表も内部器官も分節しているものを体節（Segment）とよぶ．

　生物の体は，一定の生理作用をおこなう器官（Organ）によって構成されていて，その器官は同じ種類の細胞があつまり一定の機能をいとなむ組織（Tissue）によって構成されている．

　動物の器官には，以下のものがある．

　　知覚器官：皮膚，神経系，感覚器官．
　　運動器官：筋肉系，骨格系．
　　栄養循環器官：消化器官，呼吸器官，循環器官．
　　排泄生殖器官：排出器官，生殖器官．
　組織には以下のものがある．
　　動物の組織：上皮組織，支持組織（結合組織・軟骨組織・骨組織），
　　　　　　　　筋組織，神経組織．
　　植物の組織：表皮組織，基本組織，維管束組織．

4) 生態

　生態とは，生物が自然環境下で生活しているありさまのことで，生態学（Ecology）は生物と環境の間の相互作用をあつかう学問分野である．生物は環境に影響をあたえ，環境は生物に影響をあたえる．

　生態学研究のおもなテーマは，生物個体がどのように生活しているかということと，その分布や数，そしてそれらがいかに環境に影響されるかということである．ここでの「環境」とは，生物をとりまく気候や地形，底質など非生物的な環境と生物的環境を含んでいる．

　生物はそれ自身の適応する自然環境で生息し，種を繁殖させている．したがって，種によってその生息環境が異なり，また生息方法も異なっている．古生物学では，過去の生物の生息環境を直接知ることができないので，研究対象となる生物分類群およびそれと近縁の生物分類群について現在の生態をより詳細に知る必要がある．しかし，過去の生物には現在の生物と異なった生態をもつものもあることも留意する必要がある．

　海で生きる動物（海生動物）の生態は，遊泳（ネクトン：Nekton）型，浮遊（プランクトン：Plankton）型，底生（ベントス：Benthos）型に大きく三つの型に分けられる．

　遊泳型には，魚類や哺乳類，頭足類，甲殻類の一部などの遊泳力をもつ大型の動物がある．浮遊型は，運動力をもたないか微弱であるが，海水の流れによって移動・分散するため分布域が広い．浮遊型には，原生生物やクラゲ（刺胞動物）のようにつねに海水中に漂う真浮遊型や，フジツボ（甲殻類）やウニ（棘皮動物）のように成体になると底生型になるが発生初期や前期には浮遊する一時浮遊型がある．また，オウムガイやタコブネなどの頭足類には死後に殻が浮遊する場合があり，死後浮遊型とよばれる．

　底生型は海底で生息するもので，海底面上で生活するものおよび海底面上の砂礫や貝殻，岩石，海藻などに付着する表生型と，堆積物に潜って生活する内生型に大きく二つに分けられる．表生型の大部分は，海底面上で生活して自由に移動できるもので，軟体動物の多くや甲殻類，底生有孔虫（原生生物）なども含まれる．海底面上の砂礫や岩石などに付着する表生型は表生固着型とよばれ，フジツボ類やサンゴ類，コケムシ類，軟体動物の一部がある．

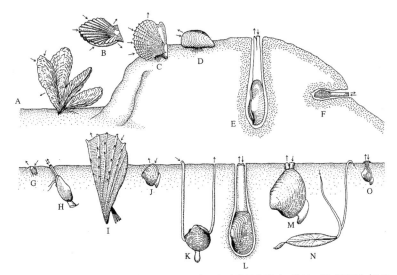

図 2-21 二枚貝類の生活様式 (Stanley, 1968). A) 表生固着型 (マガキ), B) 遊泳型 (ホタテガイ), C-D) 足糸付着性の表生固着型 (C：アコヤガイ, D：イガイ), E) 岩石穿孔性の内生型 (カモメガイ), F) 岩石の穴を利用した内生型 (キヌマトイガイ), G) 唇弁による堆積物食者 (クルミガイ), H) 水管を用いた唇弁による堆積物食者 (ソデガイ), I) 水管を用いない足糸付着内在型の懸濁物食者 (ハボウキガイ), J) 水管を用いない懸濁物食者 (エゾシラオガイ), K) 粘液管を用いた浮遊物食者 (ツキガイモドキ), L-M) 水管を用いた浮遊物食者 (L：オオノガイ, M：ビノスガイ), N) 水管を用いた堆積物食者 (サラガイ), O) 水管を用いた肉食者 (シャクシガイ).

　図 2-21 は軟体動物二枚貝類の生活様式を示したものである．二枚貝は生息するところまたは生息のしかたによって，表生固着型，遊泳型，足糸付着性の表生固着型，カモメガイなどの岩石穿孔性の内生型，岩石の穴を利用した内生型などがある．また，摂食方法で区別すると，唇弁による堆積物食者，水管を用いた唇弁による堆積物食者，水管を用いない足糸付着内在型の懸濁物食者，水管を用いない懸濁物食者，粘液管を用いた浮遊物食者，水管を用いた浮遊物食者，水管を用いた堆積物食者，水管を用いた肉食者などがある．

　生物の分布を規制する要因として，地形や気候などさまざまなものがある．海生動物の場合，塩分濃度，水温，日照量，水深，溶存酸素，底質などがその要因となり，それらはその海域の緯度や海岸からの海底地形や底質，河口から運ばれる堆積物とその量によっても変化する．

　生態学における諸分野を，スケールの小さなものから列挙すると，生

物の型と環境要素との関連を研究する生態生理学（あるいは個体生態学）があり，つぎに個体群と環境との関係を研究する個体群生態学，生物群集あるいは複数種の個体群と環境との関連を研究する群集生態学がある．

ある特定の場所または環境にはそこに生息する動物相（Fauna）と植物相（Flora）があり，その総称を生物相（Biota）という．そして，生態系の生物的・非生物的構成要素を通じたエネルギーと物質の流れを研究する生態系生態学，さらに生態圏・生物圏という地球規模のスケールの生態学がある．

5）生態系

生物群集やそれらをとりまく環境をある程度閉じた系であるとみなしたときに，それを生態系（Ecosystem）とよぶ．したがって，生態系は，ある一定の区域に生息する生物と，それをとりまく非生物的環境をまとめたものを一つの系とみなしたものである．生態系は，生態学的な単位として相互作用する動的で複雑な総体である．一般に，みかけがはっきりちがう自然環境は，それぞれを独立の生態系とみなして，たとえば森林生態系，河川生態系，海洋生態系などと区別する．

生態系の生物部分は，大きく生産者，消費者，分解者に区分される．植物（生産者）が太陽光から系にエネルギーをとり込み，これを動物（消費者）などが利用する．そして，遺体や排泄物などはおもに微生物によって利用され，さらにこれを食べる生物（分解者）が存在する．これらの過程を通じて生産者がとり込んだエネルギーは消費されて，生物体を構成していた物質は無機化されていく．そして，それらはふたたび植物や微生物を起点に食物連鎖にとり込まれる．これを物質循環（Material cycle）という．

ある地域の生物をみたときに，そこには動物，植物，菌類など，その他さまざまな生物が生息している．これを生物群集というが，その種の組み合わせは同じような環境ならば，ある程度共通な組み合わせが存在する．そして，それらの間には捕食，被食，競争，共生，寄生，その他さまざまな関係がある．捕食−被食関係のような生物間のエネルギーの流れを食物連鎖（Food chain）とよぶ．

食物連鎖においては，植物による光合成を起点として，エネルギーが

何段階もの生物を経由している．これらを生産者，一次消費者，二次消費者あるいは一次分解者，二次分解者とよび，このような段階を栄養段階（Trophic level）とよぶ．最近では栄養段階をこえた関係の複雑さを強調して，食物連鎖は食物網（Food web）という用語が用いられる．すなわち，食物網を構成するある生物は相互に複雑な関係をもっていて，もしもある一つの生物が欠けても，網に穴があき，そこから網がほどけていって生態系全体が変化することを意味する．

　食物網には，植物とそれを食べる植食者，さらにそれを食べる肉食者というように生きているものを食べる生物を起点とする食物網がある．これに対して，生物の遺体や排出物を起点として微生物がこれを利用し，さらにそれを他の生物が利用する食物網がある．前者を生食食物網，後者を腐食食物網とよぶ．実際には両者はつながっていて，それぞれが独立したものではない．

6）進化

　生物の進化については，遺伝学では「個体群中の遺伝子頻度の変化」として定義され，生物進化学では「生物の適応および個体群の多様性の変化」とされている．生物は，一般に単純な構造の生物から複雑な構造の生物へと進化し，その生物の歴史の軌跡を系統発生（Phylogeny）といい，それを樹木の枝ぶりにたとえてあらわしたのが系統樹（Phylogenetic tree）である．

　系統樹は，生物の間にみられる形態の類似や組成や機能の比較，卵や種子からの発生過程，化石の証拠，最近では遺伝子の情報も含めて作成される．

　生物の形態の類似について，形態と機能がちがっても系統的に同一の原形から由来した器官があり，それを相同という．相同は発生において同じ原器から由来し，構造的にも同じ要素からつくられる．魚の胸鰭，両生類の前足，鳥類の翼，ヒトの上腕は相同の例である．これに対して，系統的に遠い生物の間で，系統的に異なった原形から由来した器官であるが，よく似た形態と機能をもつものを相似という．昆虫の羽と鳥の翼，ウニのトゲとクリのイガなどが相似の例である．

　また，生物の体がその生活や環境の変化にともなってさまざまに変化することを適応といい，多数の種類が発生し急激にその分布を広げるこ

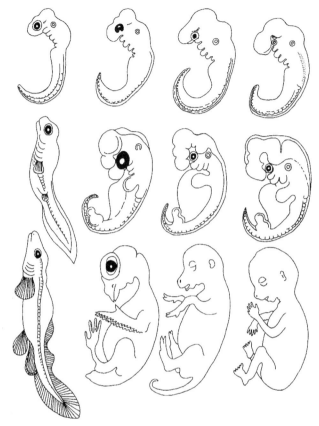

図2-22　脊椎動物の個体発生の比較. 左から魚類, ニワトリ, ウシ, ヒト. どの動物
も初期の胚子がよく似ていることから共通の祖先から由来したことを示して
いる（Raff and Kaufman, 1983）.

とを放散という. 系統発生にみられる退化は, 進化と対立する概念では
なく, 進化によって生じる適応の一形態にすぎない. そして, 比較解剖
学は, 相同の概念にもとづいて現在生きている生物の体のしくみ（個体
体制）を比較する学問である.

　個体発生には, まさに系統発生のようすをみることができる. このこ
とをヘッケルは,「個体発生は系統発生をくり返す」とのべ, 反復説を
提唱した（図2-22）. それに対してド・ビーアは, メキシコサンショウ
ウオが外エラをもち幼形が水の乏しい環境で変態して陸上にあがること

や，ホヤの幼生から脊椎動物が進化したこと，ヒトはサルの胎児が進化したことなどから，先祖の幼生期の形質が子孫で発達する幼形が進化した胎児化説（ネオテニー）を提唱した．

オウムガイやシーラカンスなど，過去の地質時代に栄えた生物の仲間が現在はなんらかの形で生き残っているものを「生きている化石」，すなわち遺存種（relic：レリック）という．遺存種には，数量的遺存種，地理的遺存種，系統的遺存種，分類的遺存種，環境的遺存種がある．遺存種は，化石でしか知られない古生物の姿や生態を知ることができるとともに，その系統や過去の生物分布など重要な証拠を与えてくれる．

最近では，生体タンパク質やDNAの塩基配列の類似性に注目し，生物の系統やその進化速度を推定する分子系統学が盛んである．これにより，従来古生物の形質の比較から推定していた系統の議論も，遺伝子からも推定をおこなうことができ，系統の分岐した時代も推定できるようになった．そのため，すでに過去の学問とされていた生物分類学や系統学，そして生物地理学も息を吹き返して最新の研究分野となった．

7）生物地理

地球上には多くの生物が生息しているが，どこでも同じ種が分布しているわけではなく，地域によって生物の分布には特徴がある．生物はそれ自身の適応する自然環境で生息し，種を繁殖させている．そして，現在ではどの地域にどのような生物が分布するかということについて，多くのことがわかっている．

生物地理学では，どこにどのような生物が分布するかということと，なぜそれらが分布しているかということが重要な研究課題である．生物の分布は，環境や生態系の変化により変化し，その歴史的な変化の結果として現在の生物分布が存在する．そのため，生物地理学は，古生物と地球の歴史をもとに生物進化の過程とその要因を明らかにして，現在の生物の成り立ちを歴史的に理解するという古生物学の目的と重なる．

現在の世界的な陸生脊椎動物の分布の概要は，ワレス（Wallace）の動物地理区として知られる．この動物地理区では，世界を旧北区（Paleartic），新北区（Neartic），新熱帯区（Netropical），エチオピア区（Ethiopian），東洋区（Oriental），オーストラリア区（Australian）の六つの地理区に区分した（図2-23）．それぞれの地理区については，ジョー

図 2-23　ワレスの生物地理区．海底は水深 3,600m より浅い部分と深い部分に分けてある．水
　　　　深 3,600m の等深線で囲うと大陸と大陸をつなぐかつての陸橋がみえてくる．

ジ（1968）によって以下のような特徴が示されている．旧北区とエチオ
ピア区，東洋区は旧世界に属し，新北区と新熱帯区は新世界に属する．

旧北区：脊椎動物相はきわめて豊かというわけではなく，旧世界熱帯産
　　の科と新世界温帯産の科の複合体としてとらえられる．また，区固有
　　の科はほとんどみられない．

新北区：脊椎動物相は旧北区と同様に温帯と熱帯の科の混合であるが，
　　旧北区とは対照的に新世界熱帯産のものと旧世界温帯産のものの複合
　　体としてとらえられる．旧北区と比較して爬虫類に富んでいる．

新熱帯区：脊椎動物相は，あらゆる綱にわたって固有の科に富み，さら
　　に分布の広い科についてはその多くを新北区と，数科は世界の他の熱
　　帯地域と共有している．

エチオピア区：脊椎動物相はもっとも変化に富み，その固有科の数は新
　　熱帯区についで 2 番目に多い．魚，両生，爬虫類では新熱帯区と東洋
　　区と類似するが，鳥と哺乳類の両動物相では圧倒的に東洋区と類似する．

東洋区：脊椎動物相はエチオピア区ととくに類似するが，その固有科の数はエチオピア区ほど多くなく，むしろ少ない．エチオピア区とはとくに哺乳類と鳥類が類似する．

オーストラリア区：脊椎動物相は，その淡水魚，両生類，爬虫類の貧困さ，および哺乳類のユニークさがめだつ．カエル，カメ，有袋類は南アメリカ（新熱帯区）のそれに似ている．東洋区とは共通のものもいるが，エチオピア区とは共通するものはいない．

このような陸生脊椎動物の分布は，生物の分布を制約する条件として，①気候による制約，②植生による制約，③他の動物による制約，④物理的障害がある．とくに陸生脊椎動物が広く分散できない物理的障害として，海水や高山などがある．

生物の分布は一般に障害がない限り連続して近隣地域に広がるものであるが，実際には間に非生息地をはさんで飛び離れた分布域をもつものが少なくない．きょくたんな場合には大陸をはさんで飛び離れて分布するものもあり，そのような飛び離れた分布のことを隔離分布または分断分布，不連続分布という．隔離分布については，歴史的な障害の発生や隔離のために，より新しい生物の侵入から逃れて，遺存種として現在まで生息したことが原因と考えられるものが多い．

現在の生物地理区の特徴は，過去の生物分布と分布を妨げる障害の変化の積み重ねによるもので，それは長い歴史の間におけるおもに海と陸の分布と生物進化が織りなした複合的な作用によって形成された．

たとえば新熱帯区，いわゆる南アメリカ大陸の脊椎動物については，三つのグループが区別されている．最初のグループは，白亜紀初期に出現した有袋類（ゆうたいるい）と原始的な真獣類（しんじゅうるい）およびその子孫の有蹄類（ゆうているい）である．つぎのグループは漸新世前期に突然侵入して来たとされるテングネズミの仲間の齧歯類（げっしるい）と広鼻猿類（こうびえんるい）である．広鼻猿類は，ユーラシアやアフリカに分布する狭鼻猿類（きょうびえんるい）とは独立して進化した南アメリカ特有のサルである．最後のグループは，更新世前期（こうしんせい）に中央アメリカ陸峡が隆起して形成されたパナマ陸橋を渡って，北アメリカから侵入して来たより進化したいろいろな哺乳類である（図2-24）．

日本列島にかかわる生物地理境界として，北海道と本州の間の津軽海

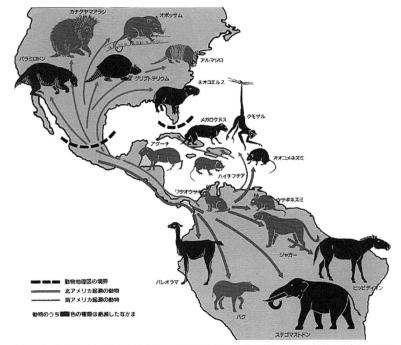

図 2-24　新熱帯区と新北区の脊椎動物の更新世以降の移動. 中央アメリカ陸峡の隆起により形成されたパナマ陸橋を通って新北区と新熱帯区のそれぞれの哺乳類が大移動した（国立科学博物館, 1995).

峡に, ヒグマとツキノワグマなどの北海道と本州の陸生動物のちがいからブラキストン線が設定されている（図 2-25). この境界は今から 2 万年前のウルム氷期に海水準が 100 m 低下したときにも陸つづきにならなかったために生物の分布のちがいが生じた.

　ウルム氷期には海水準が 100 m 低下したために, たとえば東南アジアのジャワ島の東のバリ島からボルネオ島までの大陸棚は陸上となり, 現在のこの境界の西側の島々には東南アジアの共通の陸生動物が分布している. この範囲の東側の境界は, ハクスレー線として東洋区の東縁にあたる.

　日本列島の南側の生物地理境界として南西諸島の屋久島と奄美大島の間のトカラ海峡に渡瀬線が引かれている. 渡瀬線は, ハブとマムシなどの沖縄諸島と九州を含む日本列島の動物のちがいから設定されている. この陸生動物たちの分布のちがいは, 中新世末期〜鮮新世初期に生じた

図 2-25　日本列島の生物地理境界.

と考えられている.

　日本列島の現在の動物群集のほとんどは,今から約43万年前に対馬海峡が陸化していた時代に朝鮮半島や中国大陸から渡ってきた東アジアの動物群集が主体となっている (河村, 1991；河村, 1998). そして,その後に日本列島は大陸と海で隔てられ,その中で進化したその子孫によって,現在の日本列島の動物相のほとんどが形成されたと考えられる. 今から約43万年前に日本列島に渡ってきた哺乳類の中には日本列島で進化したナウマンゾウも含まれる (小西・吉川, 1999).

陸橋説による古生物地理

　古生物の分布とその変化の歴史を，生物の進化と地殻変動による地形変化とともに考察するのが古生物地理学である．古生物地理学は，古生物学の研究分野であり，古生物の分布は化石の証拠にもとづくが，各時代における化石の産出分布は十分でないため，現在の生物の分布（生物地理）の成り立ちとともに考察する．

　生物地理の研究，とくに陸生植物と陸生脊椎動物の分布について，ペルム紀に生育した裸子植物グロッソプテリスが現在離れた南半球の大陸に分布したことから，Suess（1885-1909）は南半球にあった大きな大陸をゴンドワナ大陸とよんだ．その北の大陸はローラシア大陸とよばれ，その間にあった地中海から太平洋かけての大洋はテチス海とよばれる．テチス海の海生動物は，中生代から新生代に地中海から太平洋かけての広い範囲で共通する群集を形成した．

　ゴンドワナ大陸には，三畳紀前期に生息したキノグナトゥス，メソサウルス，リストロサウルスなどの爬虫類も生息していて，現在の南半球の生物相の起源にも大きく影響をあたえていると考えられている．

　このような現在は海で隔てられている古生物の分布については，20世紀初頭までSchuchert（1924）などにより大陸間に存在したと考えられる陸橋（Land bridge）または地峡による連結（Isthmian links）により移動したとする「陸橋説」が有力だった（図1）．しかし，その後の海洋調査で，大洋の

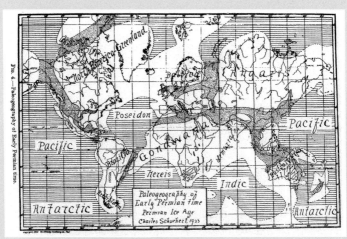

図1　Schuchert(1924)によるペルム紀前期の古地理図.

海底が相当に深いことがわかり，今から数万年前のウルム氷期以前の陸橋以外はほとんど陸橋が想定されなくなり，Wegener（1915）の唱えた大陸移動による解釈が主流となった．それで解決できない分布については，海流による漂着や島伝いの移動（Island-hopping）などが想定されている．

　大陸移動説をもとに，海底や陸上の地磁気のデータなどから，大陸の過去の位置や海底の誕生の時代が想定され，プレートテクトニクス説による大陸移動の世界地図が作成された．図2にその一つであるSmith et al.（1994）を示す．ゴンドワナ大陸はジュラ紀にインドとオーストラリア，南極が分離した後に，白亜紀前期（1億3500万年前）にアフリカと南アメリカの間に大西洋が誕生した（Goldbatt, 1993）．

　この大陸移動ではいくつかの生物の分布について説明することはできるが，他の多くの生物の移動や分布については説明できないことが多い．たとえば，アフリカと南アメリカの淡水魚相の関連を論じたLundberg（1993）によれば，アフリカ－南アメリカ地域に関連深いと推定される13の系統のうち，レピドシレン，ポリプテス，肺魚については単純な大陸移動モデルによる分断分布に適合するが，その他については適合せず，南アメリカのものは中央アメリカやオーストラリアと単系統群を共有し，アフリカのものはアジアと

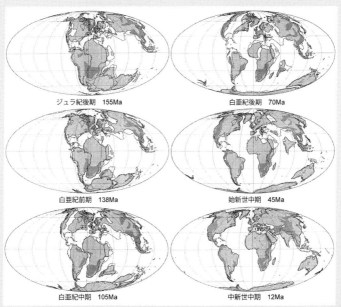

図2　プレートテクトニクスによる大陸の分離と移動（Smith et al., 1994）．Ma は100万年前.

ヨーロッパのいくつかの系統を共有していて，多地域との関係が深く，一度の大陸移動モデルによる分断では説明できないとのべている．

　もともと同一地域だったほど大陸間での動物の類似がみられないこと（ベローソフ，1979）や，グロッソプテリスが北半球の大陸からも発見されること（鳥山，1974），インド大陸が漂流しているとインドの恐竜分布が説明できないこと（Colbert，1973）などの矛盾点があげられている．さらにオーストラリアや南アメリカの恐竜や有袋類の分布やガラパゴス諸島をはじめ大洋の島々の生物分布を説明できないなど，大陸移動説は多くの矛盾を含んでいる．

　オーストラリア大陸からは恐竜の化石が発見されている（図3）．しかし，それらは断片的でオーストラリア大陸の恐竜や哺乳類（有袋類）の起源と移住について不明なところが多い．遠藤（2002）によれば，オーストラリア大陸への有袋類の移住は，北アメリカで発展した有袋類が中生代末期から新生代初期にかけて南アメリカ大陸，ユーラシア大陸に進出し，南極大陸を経由してオーストラリア大陸に到達したとされているが，有袋類の移住と大陸移動との関係は大きな論争のテーマとなっていて，大陸移動の時期とあわせてその移動の実態は謎に包まれているとのべている．

　Rich and Vickers-Rich（2000）は，オーストラリアのビクトリア州の白亜紀前期（アプチアン期～アルビアン期）の地層から発見された恐竜を二つのグループに区分した．その一つはヒプシロフォドン類とアンキロサウルス類，獣脚類を含むもので，ジュラ紀の間にゴンドワナ大陸東部の半島だった

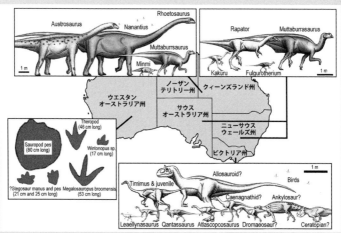

図3　オーストラリア大陸の恐竜（青塚・柴，2006）．

オーストラリア大陸にインド大陸または南極大陸を経由して恐竜が移住したとした。二つ目はプロトケラトプス類，オルニソミモサウルス類，オヴィラプトロサウルス類を含むものである。後者はアジア地域の恐竜との類縁性があることと，これらの化石が白亜紀最末期まで南アメリカから知られていないことから，オーストラリア大陸で生まれて，そこから分離した島が北へ移動して東南アジアへ衝突・付加したときに島伝いにアジアへ移住したという考えを提案した。

しかし，中国遼寧省の白亜紀初期（オウテリビアン期）から原始的なプロトケラトプス類やオヴィラプトロサウルス類が発見された（Xu et al., 2002a；Xu et al. 2002b）ことにより，これらの恐竜はオーストラリア大陸からアジアに渡ったのではなく，アジアからオーストラリア大陸へ移住した経路を想定しなくてはならない（青塚・柴，2006）。

星野（1991）は，大陸移動の立場をとらず，大陸の位置は現在と同じであり白亜紀初期の海水準は現在の水深4,000 mの位置にあったとし，オーストラリア大陸とニューギニア地域の間の海底地形から，白亜紀初期にはニューギニア主部とメラウケ海嶺の間にあるフライ低地が，ニューギニア地域とオーストラリア大陸との陸橋であり，白亜紀中期以降の海水準上昇によりその陸橋が沈水したとした。

図4に東南アジアからオーストラリア大陸にかけてのいわゆるワレシア地域を示した。この地域はワレス線から西側が東洋区にあたり，ウェーバ線か

図4　ワレシア生物地理区の海底地形（星野，1992を修正）。海底は水深3,600m より浅い部分と深い部分に分けて示した。ハクスレー線は水深100 mのウルム氷期の海岸線に沿ってあり，ウェーバ線は水深約4,000 mの等深線に沿っている。

ら東側はオーストラリア区にあたり，その間の地域は両区の生物に類縁のものが複雑に分布するといわれる．ワレス線は水深100 mのウルム氷期の海岸線に沿ってあり，ウェーバ線は水深約4,000 mの等深線に沿っている．恐竜がアジアからオーストラリア大陸へ移住したとすると，星野（1991）の陸橋を想定して，白亜紀以降のその陸橋の沈水の過程でのワレシア地域の生物相の分布を検討するべきであると考える．

メキシコ湾周辺には白亜紀のサンゴ礁石灰岩が広く分布し，フロリダ半島とバハマ諸島の地域は，すでに図2-14（30頁参照）で示したように白亜紀から現在までの垂直に連続したサンゴ礁石灰岩から構成されていて，そのうち地下3,500〜4,000 mまでは白亜紀中期のものである．さらに南アメリカとアフリカの大西洋両岸の水深4,000 mには，白亜紀中期の蒸発岩層が広く分布する（Roberts, 1975）．また，メキシコ湾の5,000 mの深さにはジュラ紀の蒸発岩が分布している（Uchupi, 1975）．蒸発岩やサンゴ礁は海水準付近で形成されるもので，ジュラ紀以降大西洋の大陸縁辺は5,000 m以上沈んだことになる．

大陸移動説から発展したプレートテクトニクス説では，大西洋中央海嶺で生まれたプレートが冷えて重くなって沈降したために，大陸縁辺が白亜紀以降に4,000mも沈降したと解釈されている．しかし，白亜紀中期の4,000m沈んだサンゴ礁や不整合は大西洋の大陸縁辺だけでなく，太平洋の海溝のギュヨー（平頂海山）やインド洋の大陸縁辺でも分布する（Shiba, 1988）．また，北西太平洋のシャツキー海膨では，水深3,127mでおこなわれた深海掘削で深度165mのところから陸上噴火の火山岩が発見されて，白亜紀中期から3,000m以上も沈水したとされる（Expedition 324 Scientists, 2009）．

これらのことから，水深4,000 mに白亜紀中期の海水準があったとすると，中生代に陸上動植物が渡って移動した陸橋がみえてくる（図2-23：56頁参照）．すなわち，中生代はじめに南大西洋で南アメリカ大陸とアフリカ大陸をつないだ陸橋はリオグランデ海台−大西洋中央海嶺−ワルビス海嶺であったと考えられる．リオグランデ海台の水深910 mの海底からは，2013年に「しんかい6500」の潜航調査で花崗岩が採集され，そこが5000万年前には浸食された花崗岩台地であったことが報道された（日本経済新聞, 2013）．

大陸移動とは別に，ガラパゴス諸島のリクガメなどやマダガスカル島のキツネザルなどの孤島の生物分布を説明するのに用いられるいかだによる漂着説は，偶然にも流木にのった生物が孤島に流れ着いたというものである．しかし，この説は数匹の漂着生物が生態学的にも異なった地域で生き残れる可能性がほとんどないということと，その後により優位な動物が移住する可能性があることを無視している．

さらに，島伝いの移動説については，ワレス線にあたる現在のバリ島とロ

ンボク島の間の約10 kmの距離
さえも，ヒト以外の陸生動物が渡
れないという事実を無視している．

　ガラパゴス諸島は13の島から
なり，中央アメリカからつづくコ
コス海嶺の上にある（図5）．コ
コス海嶺はプレートテクトニクス
説では現在のプレートの湧き出し
口とされ（Hay, 1977），もっと
も古い島でも500〜300万年前に
形成されたという（Cox, 1983）．

　ガラパゴス諸島には，海イグア

図5　ココス海嶺の海底地形（星野, 1992）.

ナや陸イグアナ，ゾウガメ，オオ
トカゲ，ヤモリ，ヘビなどの爬虫類とコウモリやネズミ，ダーウィンフィン
チとよばれる陸鳥など固有の陸生動物がいて，また固有の植物相もある．そ
して，それぞれの動物はいくつかの島ごとに種や亜種に分化しているという
特徴がある．

　そのうちゾウガメは，*Geochelone elephantopus*という1種に含まれる15亜
種が確認されていて，*Geochelone*属の代表的なものは，南アメリカやガラパ
ゴス，アフリカ，マダガスカル，インド洋セーシェル諸島のアルダブラ環礁と
アジアのセレベス島とハルマヘラ島に生息する（Vries, 1984）．また，ネズ
ミは三つの固有属が認められていて，それらは北，中央，南アメリカに出現し
ているネズミのきょくたんに多様化したグループとされる（Clark, 1984）．

　現在のプレートの湧き出し口で形成されている火山島に，古い生物の子孫
が生息するということは，それらがいかだにのって来たとしても私には考えら
れないことである．また，ガラパゴ
ス諸島の植物相は，その構成におい
て近くの大陸のそれと非常に異なっ
ていて，近くの大陸で数多く重要な
いくつかの植物相の科が諸島では欠
如していて（Eliasson, 1984），最
近に漂流してきたものでないことを
示唆している．

　ココス海嶺は，海水準が2,500
m低くなると陸地となり，ガラパ
ゴス諸島と中央アメリカは陸地で
連続する．リクガメは古第三紀に

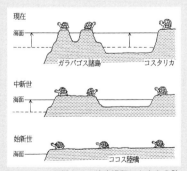

図6　ココス陸橋とその沈水過程にともなう陸
生動物の系統進化（星野, 1992）.

繁栄して始新世前期まで世界中に広がった動物であり，ガラパゴス諸島が中央アメリカから陸つづきだったとしたら，リクガメがガラパゴス諸島に分布することができる（図6）．ガラパゴス諸島に生息するダーウィンフィンチ類がココス島にも生息し，それらは同じ系統に属する（Lamichhaney et al., 2015）．このことは，ココス海嶺がガラパゴス諸島の陸生生物の陸橋だったことを支持すると思われる．

　始新世中期には海水準が上昇したが，そのときにココス海嶺はガラパゴス諸島を残して沈水した．そして，その後の海水準の上昇とそれぞれの島の火

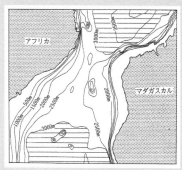

図7　モザンビーク海峡の海底地形（星野, 1992）.

山活動や隆起によって，ガラパゴス諸島のそれぞれの島に隔離されて，リクガメの子孫が生き残ったと考えられる．ガラパゴス諸島の地形断面はまさにそこに生息する生物の系統樹でもある．

　マダガスカル島には原猿類のキツネザルが遺存種として生息する．マダガスカル島とアフリカ大陸の間のモザンビーク海峡は水深3,000mで陸続きとなる（図7）．モザンビーク海峡の海底での深海掘削のSite 242では水深2,275mの掘削深度676mで，その始新世中期の石灰質軟泥の基底に時代は不明だがサンゴ礁石灰岩が採集されている（Shipboard Scientist Party, 1975）．このことから，始新世中期以前にはマダガスカル島はアフリカ大陸と陸つづきであった可能性がある．

　始新世中期の海水準上昇でマダガスカル島はアフリカ大陸から孤立した．そのため，その後に進化した真猿類がモザンビーク海峡を渡って，マダガスカル島に来ることができなかった．そのため，原猿類の遺存種であるキツネザルが現在まで，マダガスカル島で生息することができたと考えられる．

　水深2,500mの始新世の陸地は，東北日本の太平洋側の大陸斜面にもある．ここでは北海道からつづく沼沢地や蛇行河川が発達する広い陸地が白亜紀から始新世の時代にあり，それが始新世中期以降に沈降したことが明らかになっている（奈須ほか, 1979；高野, 2013）．

　陸上生物の生物地理を説明する考えかたをいくつか紹介したが，大陸移動説にしても陸橋説にしても，まだ解決しなくてはならない問題がたくさんある．とくにプレートテクトニクス説による大陸移動では，過去の大陸の形を現在と同じと考えて，単純に一方向に水平移動させている．

　しかし，単純に大陸を一方向に水平移動させるだけでは，生物地理につい

ての多くの問題点を解決できない．生物地理および古生物地理を明らかにするためには，生物の分布やその系統，分岐の時期を明確にすると同時に，地質学的にその地域の地質と古地理を十分に再検討する必要があると考える．

　私は，古生物地理も含めて現在の生物地理の形成を明らかにするには，プレートテクトニクス説による大陸移動よりも，星野（1991）が提案している大洋底も含めた地殻の大規模な隆起と海水準上昇（図8）を考慮に入れて，それぞれの海域に存在した陸橋の存在とその沈水過程を検討するべきと考えている．

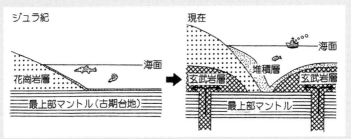

図8　玄武岩マグマによって押し上げられた大陸と大洋底の隆起による海水準上昇モデル（星野，1992）．左はジュラ紀の地殻断面で，マグマ貫入前なので海面は現在より5,000m低い．右は現在で，上部マントルからの玄武岩マグマが地殻下部に貫入し広がり地殻が押し上げられ，隆起と海水準の上昇が引き起こされた．

3 化石の研究

3-1 化石の産状と成因

化石にはどのようなものがあるのだろうか．そして，化石はどのように
できるのだろうか．ここでは化石とはどのようなものかについてのべ，
いくつかの化石のできかたについて紹介する．また，化石をもちいた地
層の区分と対比についても解説する．

1) 化石の種類と産状

化石には，骨や殻など古生物の体部がそのままあるいは他の物質に置
換されて残った体（遺体）化石（Remain fossil）と古生物の生活の結果
が残った生痕化石（Trace fossil）がある．

体化石には，体の印象が地層側に残った印象化石も含まれる．印象化
石には残った印象が本来の凸凹と同じものを雄型（Cast），凸凹が逆転
したものを雌型（Mold）という．体化石は，骨や殻などの古生物の固
い組織が残りやすいが，まれに永久凍土に埋没したマンモスなど軟組織
をもつものもある．体化石が置換された例としては，珪化木などがある．

また，生痕化石には足跡（Track），はい跡（Trail），巣穴（Burrow），
胃の内容物などがある（図 3-1）．なお，石油や石炭，天然ガスなどは，
古生物の遺骸による変質物であるが，これらは化石とはよばない．

化石には，その化石が古生物学的な重要性から，示準化石と示相化石
というよばれかたがある．示準化石（Index fossil）とは，ある特定の地
質時代に限られて産出する化石で，地層の時代を決定するのに有効な化
石である．示準化石に適した古生物は，アンモナイトや大型有孔虫，浮
遊性有孔虫のように，そのタクソンが短い生存期間であるが多量に産出
し広い分布をしていたものである．

示相化石（Facies fossil）は，ある特定の環境に限られて産出する化
石で，地層の堆積環境を決定するのに有効な化石である．示相化石に適

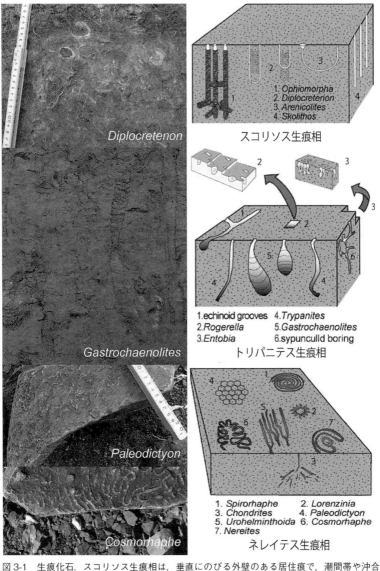

図 3-1 生痕化石. スコリソス生痕相は, 垂直にのびる外壁のある居住痕で, 潮間帯や沖合のストームシートにみられる. トリパニテス生痕相は, ワームや二枚貝などによる穿孔居住痕で, 潮間帯や潮下帯にみられる. ネレイテス生痕相はまがりくねった移動摂食痕で深海の海底の環境を示す.

した古生物は，造礁性サンゴのようにそのタクソンが現在までつづく長い生存期間をもち，限られた環境に生息しているものである．

化石は，堆積物という面と古生物という面の二面性をもっている．そして，化石がどのような状態で地層に含まれているかを，産出の状況という意味で産状という．化石は地層の中では堆積物の一つなので，たとえば貝化石などではそれらが配列しているか，どのような姿勢で埋積しているかに注目する．

化石が配列している場合，地層の堆積粒子の配列（ラミナ）とどのような関係にあるか．ラミナと同じような配列であれば，堆積粒子と同じ波浪や流れによる影響をうけて堆積したことになる．そのような場合，化石は生息していた場所から移動して堆積したことになり，異地性の化石という．

また，二枚貝がその生活姿勢のまま地層中に埋積している場合があり，それは生息していた場所で堆積物に埋積されたことになり，現地性の化石といわれる．木の幹や根がそのまま地層に埋積した直立樹幹や生痕化石は現地性の化石で，現地性の化石はその地層が形成された場所の堆積環境を示すことから重要である．

なお，化石には誘導化石（Reworked fossil）または二次化石とよばれるものがある．それは，本来含まれていた地層から流出して新しい地層中に含まれたもので，含まれていた地層の時代や環境を示さないものである．化石を研究する場合，誘導化石の存在には注意する必要がある．

地層が形成された後に，その堆積物が物理的，化学的，生物的な諸作用をうけて固結し変化していく過程の総称を続成作用（Diagenesis）という．化石が硬くなったり，他の物質に置換する作用も続成作用である．生物的な続成作用としては，底生生物による地層と化石の擾乱や変質作用などもある．

2) タフォノミー

古生物がどのような過程をへて化石になったかを研究する分野をタフォノミーという．化石は過去の生物が生息した証拠であり，生物の遺体や痕跡である．化石が地層から産出したとしても，それは地層を構成する堆積物の一つとして存在する．したがって，化石となった古生物がどのように死に，どのように地層に含まれたかを知ることは，その古生物

の生態や堆積環境を明確にすることになる.

　化石ができるための条件はどのようなものだろうか. 古生物やその痕跡が化石になるためには, ①ある古生物が繁栄していること, ②堆積の場があり地層が形成されること, ③相対的に沈降して化石を含む地層が保存されること, という三つの条件が必要である.

　すなわち, 生物がただ一個体いるだけでは化石となる確率はほとんどない. 化石があるということは, その生物がそこで, またはその周辺で繁栄していた証拠である. そして, 化石が地層に含まれるためには, 地層が形成される場が必要であり, 化石が地層に埋積されても, その地層の上にさらに地層が累積して, はじめて化石を含む地層が保存される.

　古生物の遺体やその痕跡は, 陸上や海底の表面に露出していると, すぐに物理的または化学的, 生物的に破壊されてしまう. したがって, それらが化石になるためには, 破壊から保護されなくてはならない. 破壊から保護される機会として一般的なものは, 洪水などによる土石流や暴風時の堆積物の流入などにより, 急速に堆積物に埋積されることである.

　土石流堆積物に埋積された化石の例として, ベルギーのジュラ系から発見された多量のイグアノドンの骨格化石がある. また, モンゴルゴビの白亜系から発見されたプロトケラトプスとヴェロキラプトルが戦っている恐竜の二体の化石は, 砂嵐または砂丘の砂の中にそれらが落ちたことによって埋積されたものと考えられている.

　化石は, 上にのべた, ①ある古生物が繁栄していること, ②堆積の場があり地層が形成されること, ③相対的に沈降して化石を含む地層が保存されること, という三つの条件がすべてそろっていないと形成されない. また, 形成された化石も私たちに発見されなければ化石として認識されない. したがって, 過去の地質時代に生息していた古生物のすべてが化石になるわけでなく, 化石となったものは上の三つの条件がそろっていたものであり, 過去に生息していた生物のうちほんのわずかなものしか化石にならない.

　2億3700万〜6600万年前の中生代に生息した恐竜は, 現在800種知られているが, その数は現在繁栄する哺乳類の約4,000種と比べてもきわめて少ない. たとえば, 中生代のある時期に恐竜が現在の哺乳類と同じ種数いたとして, 恐竜の生存していた約1億7000万年間にどれだけの数がいたことになるだろうか. 少なめに見積もり, 100万年で新し

い種が生まれるとして，4,000 種 × 1.7 億年 ÷ 100 万年 = 68 万種となる．すなわち，私たちは現在，中生代に生存しただろう恐竜の 850 分の 1 ほどの種しか知らないことになる．

3) 貝化石密集層の形成

　地層の中に貝化石が密集して発見されることがある．化石の発見されかたとしてこのような貝化石密集層からの発見は一般的である．ここでは，掛川層群上部層に含まれる貝化石密集層の形成過程を例に，その形成についてのべる．

　掛川層群の堆積過程についてはすでにコラム②（41〜43 頁）で紹介したが，とくに大日層には，*Amussiopecten praesignis* や *Megacardita panda* などの今から約 200 万年前の貝化石が含まれる化石密集層が多くみられる．大日層にみられる貝化石密集層には，下部外浜，コンデンスセクション，外側陸棚，陸棚斜面のチャネルを埋積して形成されたもの

図 3-2　掛川層群大日層の貝化石密集層．1）下部外浜化石密集層（掛川市本郷），2）下部外浜化石密集層（袋井市大日），3）チャネル埋積化石密集層（掛川市上西郷），4）外側陸棚化石密集層（掛川市飛鳥）．

に分類される（図3-2）.

　図3-3に掛川層群大日層の海浜−外浜システムの柱状図を西（a）から東（f）へならべたものを示す．右から3番目の（d）飛鳥では，下部外浜の砂層の上に外側陸棚の砂質シルト層が重なり，急激な海水準の上昇が推定される．その境界は海氾濫面（Marine flooding surface）と考えられ，その面の直上には堆積がほとんどおこなわれなかったために形成されたコンデンスセクション（Condense section）がみられる.

　図3-3では四つのパラシーケンス（PD）が認められ，海水準上昇が段階的に4回起こり，海進が東から西へ進み，東側はより深い海底になったことが推定される．そして，これらのパラシーケンスセットの形成，すなわち各海水準上昇期に大陸棚の発達とともにそれぞれの海底環境（外浜〜陸棚斜面）で，基盤岩に穿孔した巣穴化石，下部外浜化石密

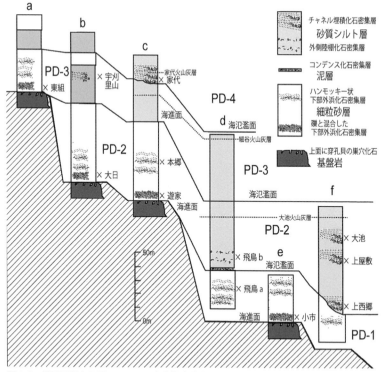

図3-3　掛川層群大日層にみられる海進期堆積体と貝化石密集層（柴ほか，2012を改変）.
PD-1〜PD-4は4回のパラシーケンスセットをあらわす.

集層，コンデンス化石密集層，外側陸棚化石密集層，チャネル埋積化石密集層などの特徴的な貝化石密集層が形成された（柴ほか，2012a）．

　海進にともなう大陸棚の発達は，浅海性の海生生物にとって繁殖域の拡大になり，多量の生物遺骸が生産される．そして，海水準上昇により大陸棚域での地層の堆積と累重（保存）がおこなわれ，化石の形成に必要な三つの条件がすべて整い，化石形成の絶好の条件となる．

4）ノジュールの化石

　急速に堆積物中に保存された化石として，北海道のアンモナイト化石のように石灰質ノジュールに包含されるものがある．図3-4は，静岡県菊川市の中新世の地層である倉真層群から小川育男氏により発見された石灰質ノジュールに包含されたメガロドンの12個の椎体化石である（柴ほか，2016）．メガロドン（*Carcharocles megalodon*）は，中新世に生息した体長が15m以上にもおよぶ巨大ザメであり，軟骨魚類であることから椎体のような骨格は保存されにくい．

　ノジュールとは，地層の中に含まれる硬い塊（団塊）のことで，球状や不定形の形状をもつ．それはそれを含む泥や砂の地層と同質で，なん

図3-4　倉真層群のノジュールから発見されたメガロドンの椎体化石（＊）．

らかの原因でその部分だけが硬くなったものである．化石はノジュール
に包まれることで地層に埋積されてからの破壊から保護される．また，
ノジュールに含まれる化石は細部まで保存がよい場合が多く，化石をと
りこんだノジュール化が古生物の死後直後におこなわれたと考えられる．

　ノジュールは，泥と泥の粒子間に炭酸カルシウムが生成された硬い岩
塊である．粒子間の間隙が非常に小さいため密閉性があり，化石が良好
に保存される．ノジュールの成因の一つとして，以下のようなことが考
えられている（長谷川，2014）．

　泥が堆積する海底では海水と泥が混ざり合い，海水の密度が高くなり，
周囲の海水との混合が制限された状態となる．そこに生物の遺骸がある
と，遺骸の周辺は準閉鎖環境となって遺骸の腐敗により酸素が消費しつ
くされ，硫酸還元菌によって生じた重炭酸イオンが濃集することで炭酸
カルシウムの沈殿が生じていく．このような特殊な環境と炭酸カルシウ
ムの沈殿過程によって，ノジュールが生成されたと考えられる．

　このように，ノジュールの成因については，その核になる生物の遺骸
や痕跡と生化学的な反応現象が関与していると考えられる．実際に，地
層に含まれる石灰質ノジュールの多くから，骨や貝や生痕などきわめて
保存のよい化石が発見されている．

5) 保存のよい魚の化石

　魚の化石も珍しい化石であり，どこでも化石が発見されるというわけ
ではない．図3-5は，静岡県富士市の富士川南側の南松野に分布する庵
原層群岩淵層の南松野礫シルト層から化石採集家の宮澤市郎氏によって
発見されたコノシロの化石である（横山ほか，2013a）．この化石は大変
保存がよく，食卓の皿にのった焼き魚の姿と勘違いをするほどである．

　南松野礫シルト層は，今から約60～50万年前に入江で堆積した地層
ではほぼ水平に分布している．南松野礫シルト層には安山岩の溶岩もはさ
まれ，礫層は小規模なファンデルタを形成し，シルト層（泥層）は海面
上昇にともない入江の干潟や湖で堆積したものであると考えられる．

　南松野礫シルト層が堆積したころの南松野は，東側にある嵐山などの
陸上火山が北東方向に岬をはり出してあり，その西側の南松野には海が
入り込み，閉鎖的な入江がつくられていた．

　この南松野のシルト層から，植物や昆虫，シズクガイ，オカメブンプ

図 3-5　庵原層群南松野礫シルト層から発見されたコノシロの化石.

クなどとともに, コノシロ亜科やニシン科, カタクチイワシ科などの保存のよい魚の化石が発見される (横山ほか, 2013a ; 横山ほか, 2013b).

　このように保存のよい魚の化石が多く発見されることは, 限られた例しかない. それは, 魚が死ぬとふつう魚体は海底や湖底に沈むが, 腐敗してガスを体にためて浮遊し破損する. また, 海底や湖底に横たわったものは底生生物の餌となり, ほとんど化石として地層の中に保存されることはない. したがって, 魚体の保存のよい化石があることは, 堆積時にその場所が特殊な環境にあったと考えられる.

　南松野の魚化石の場合, その産地が閉鎖的な入江であったことから, 夏期に入江の表層で青潮などが大発生して, 底層の水が還元状態になり硫酸還元菌により硫化水素が蓄積していた可能性がある. そして, 台風などで入江に突然に多量の海水が流入して底層に入ると, 底層の硫化水素に富んだ水が表層に押し上げられて魚を大量死させたと考えられる.

　海底に沈んだ死んだ魚は, 底層に蓄積した硫化水素によって腐敗や底生生物からの破壊から免れ, 還元硫化細菌のつくるバイオマット (生物による繊維状のシート) によって魚体の表層がおおわれ, 冬期にその上にうすい泥層がおおった. この地層は, 数 mm の厚さの青灰色の泥層と 1 mm 以下の白いバイオマットからなり, リズマイトとよばれる細互層を毎年形成した.

　このような魚化石が保存された堆積環境は特別なものであるが, 閉鎖的な内湾や湖では現在でも生じている.

6) 化石による地層の分帯

　地層に含まれる化石は，しばしばそれにより地層を区分し，その区分をもとに他の地域の地層と対比がおこなわれる．地層に含まれる化石の種類や群集の特徴をもとに定義される地層の範囲を，生層序学的分類の基本的単元として生層序帯（Biostratigraphic zone, Biozone）という．生層序帯としてはっきりとわかるときには単に帯（Zone）という．

　生層序帯には，生存期間帯と間隔帯，群帯，アクメ帯，系列帯などがある．また，地層の対比に有効な化石の産出範囲における生層序学的な境界，すなわち初出現（基底）や消滅（頂部）など化石および化石群集にみられる重要ではっきりとした変化がみられる層準を生層序層準（Biostratigraphic horizon, Biohorizon）という．生層序層準は，その他にも Surface, Horizon, Level, Limit, Boundary, Band, Marker, Index, Datum, Datum plane, Datum level, Key horizon などとよばれることがある．

　生層序層準については，コラム②（41〜43頁参照）で説明したように，それらの時間面とされる層準の多くは同一時間ではない場合があり，時間的に不連続をともなうシーケンス境界や堆積体の境界にあたることがある．このことから，生層序層準は，同一時間面でない場合が多いが，生物の進化や放散・絶滅といった古生物学的にも，地層形成という地質学的にも意味のある境界面であり，そのことを理解してとりあつかう必要がある．

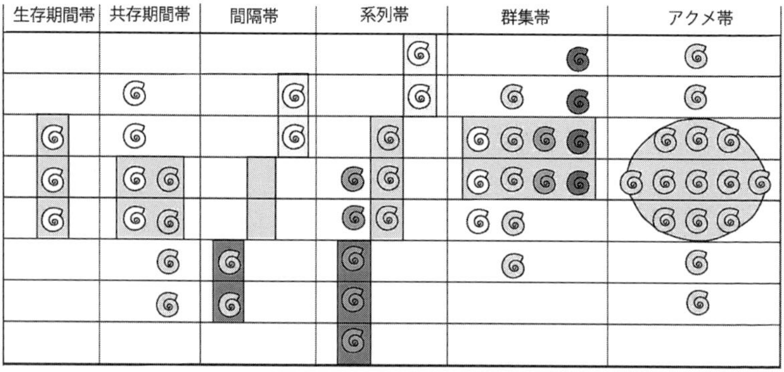

図3-6　生層序帯のいろいろ.

以下にそれぞれの生層序帯の説明をする（図 3-6）.

生存期間帯（Range zone）：含まれる化石群集のうち，一つないしいくつかの生物分類単位が生存期間中に堆積した地層の範囲をいう．ある特定の生物分類単位の化石が水平的ないし垂直的に出現する地層全体を示す生層序学的な単元を Taxon-range zone といい，その境界はその生物分類単位の出現と絶滅によって規定される．二つ以上の特定の生物分類単位が同時に出現する地層の範囲を Concurrent-range zone（共存期間帯）という.

間隔帯（Interval zone）：はっきりした二つの生層序層準（Biozone）の間の地層の範囲であり，間隔帯は生存期間帯である必要はない．二つの特別な生物分類単位の最初の出現の生層序層準によってはさまれた間隔帯は Lowest-occurrence zone とよばれる．オーバーラップしない二つの生物分類単位の生存範囲の間に設定された間隔帯は Partial-range zone とよばれる.

系列帯（Lineage zone, Phylozone）：ある進化系列に含まれる生物をもちいた生層序学的な単元である．ある進化系列にある生物群のうち，ある発達の区間を代表する生物分類単位の全生存期間か，またはその子孫型の出現までの範囲によって区分された地層の部分である．生物の系統進化を利用しているため生層序帯の中でも年代層序学的な対比にもっとも有効である.

群集帯（Assemblage zone）：となりあった地層から生層序学的特徴により区別されるはっきりした群集によって特徴づけられる地層の範囲で，ほとんどのタクサの生存範囲が群集帯の境界を越える傾向にあり，その境界はあいまいである.

アクメ帯（Acme zone, Abundance zone）：生物のある分類単位の，その全生存範囲ではなく，その系統発生上でもっとも栄えた範囲をもちいて地層のある部分を規定した生層序学的な単元である．実際にはある生物分類単位を豊富に含む地層の部分が帯として定義されるが，こ

れは局地的な環境や生態，堆積条件によって作用される．エピボール
ともよばれる．

　生存期間帯の例として，山梨県身延地域でおこなった浮遊性有孔
虫化石による生層序区分について図 3-7 に示す．早川河床の連続露
頭で試料採集をおこない，このセクションには富士川層群の下位か
らしもべ層から身延層，飯富層が分布するが，産出化石の消滅と出
現 に よ り，*Globorotalia miozea* Zone, *Globoquadrina dehiscens* Zone,
Sphaeroidinellopsis seminulina seminulina Zone, *Globorotalia plesiotumida*
Zone に区分し，Blow（1969）の生層序帯と対比した（柴ほか，2012b）．
柴ほか（2012b）の研究では他のセクションでも生層序帯を設定して，
このセクションとあわせて富士川層群が中新世後期の地層であることと，
富士川層群の各層の詳細な地質時代を決定した．

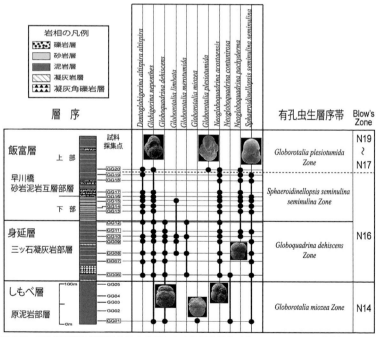

図 3-7　富士川層群の浮遊性有孔虫化石による生層序区分（柴ほか，2012b を改変）．

3-2 ミクロの化石

ミクロの化石とは，おもに微化石とよばれる小さな化石のこととである．微化石の研究には，それ以外にも無脊椎動物の殻や脊椎動物の骨の硬組織の組成や構造，その生成に関する研究も含まれる．さらに，最近では化石に含まれるアミノ酸やコラーゲンなどのタンパク質，炭化水素，DNAなどの古生化学的な分子化石研究もおこなわれている．分子化石などについては別の文献に譲って，ここではおもな微化石についてのべる．

1) 微化石の有効性

微化石とは，顕微鏡（可視光線と電子線）をもちいて観察研究をおこなう微小な生物の化石の総称である．したがって，分類学上は原核生物のシアノバクテリア（藍藻類）や細菌類，原生生物の渦鞭毛藻類，アクリターク類，珪質鞭毛藻類，珪藻類，ココリス類（石灰質ナンノプランクトン），チンチニド類，放散虫類，有孔虫類，藻類の緑藻・紅藻類，植物の胞子・花粉類や植物珪酸体（プラントオパール），無脊椎動物の貝形虫類と翼足類，脊索動物のコノドント類など，いろいろな種類の生物の化石を含み，大きさや材質，生態や分布も異なる．

これらの微化石は，生物の殻などを研究対象とするが，それらの殻を構成する材質は，珪藻や放散虫などは珪酸塩鉱物からなり，石灰質ナンノプランクトン，貝形虫と多くの有孔虫は炭酸塩鉱物からなり，また花粉や胞子，渦鞭毛藻は有機物からなる．

微化石は，岩石や堆積物から分離し，または断面の薄片で観察し，その形態によって分類される．殻の材質や大きさが異なることから，その分離方法や観察方法はそれぞれの微化石によって異なる．

微化石となる生物は，その大きさが微小で生産量が高く，大部分の堆積物（岩）に含まれる．このことから，連続した地層の対比と環境変化の詳細を知ることに役立つ．また，少ない試料から多量の化石を産出することから，連続した統計的データを得ることができる．また，大型化石がほとんど産出しない深海堆積物や微量の試料から古環境を推定するのに有効である．したがって，石油掘削などのボーリングによる柱状試料で，地層の特徴や対比に活用されていて，それにより微化石研究が発展した．

微化石試料をあつかうときには，微化石は肉眼では見えない場合が多く，試料間で微化石が混合や混入，汚染することに十分に注意する必要がある．花粉や胞子は大気中に浮遊しているのはもちろん，珪藻は空中や自然水の中にも浮遊している．そのため，これらの混入や汚染を避けるために特別な試料処理が必要である．

　以下におもな微化石の説明をする．なお，それぞれの微化石の試料処理については，化石研究会編（2000）などを参照してください．

2) シアノバクテリア（藍藻類）

　原核生物（広義のバクテリア）の細胞には，核やミトコンドリアが存在せず，DNA 分子が染色体の形はとらず，核膜で隔てられていない．シアノバクテリア（藍藻類）の中には糸状に連結して群体（糸状体）をつくり，その表面に方解石の結晶を沈殿させて石灰質骨格をつくるものがある．

　そのようなシアノバクテリアの活動によって形成された生物源堆積岩にストロマトライト（Stromatolite）がある．ストロマトライトはシアノバクテリアが形成するバイオマットを石灰泥がおおい，その上にバイオマットがおおって形成された縞状（層状）の石灰岩である．ストロマトライトはシアノバクテリアの生物遺骸ではなく，シアノバクテリアによってとらえられた石灰泥によってつくられた層状の堆積岩である．

3) ココリス類

　ココリス類（Coccolithophres）は，有光層（水深 200m 以浅）に生息する光合成をおこなう単細胞の植物プランクトンで，分類学上はハプト植物門に属する単細胞真核藻類である．細胞表面に円石とよばれる円盤型の構造をもつことから，円石藻ともよばれる．また，石灰質ナンノプランクトンともよばれる．

　その大きさは，2～100 μm まであり，多くは 5～30 μm の球形や卵形をしている．ココリス類の細胞表面は直径 1～15 μm の炭酸カルシウムからなるディスコスターという円盤の集合体によっておおわれている．化石としてはおもにディスコスターが検出され，走査電子顕微鏡（SEM）で形態を観察するか，高倍率の偏光顕微鏡で干渉像を観察して同定する（図 3-8）．

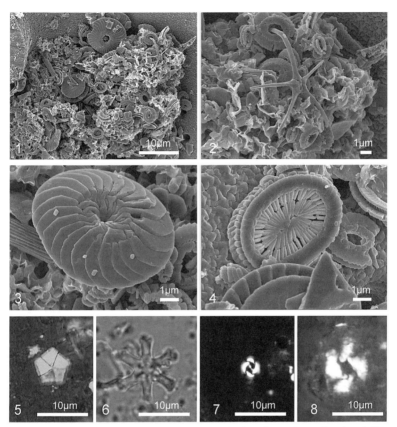

図 3-8 ココリス類の化石. 1)〜4) は走査型電子顕微鏡 (SEM) の写真で, 5)〜8) は光学顕微鏡による干渉像. 写真提供:堀内誠示氏. 1) *Reticulofenestra* spp., *Dictyococcites* spp. を主とした中新世後期の群集. 2) 中心のヒトデ状のものは *Discoaster qinqueramus* (中新世後期の示準種), 上部の楕円形の殻は *Reticulofenestra pseudoumbilicus* (中新世中期〜鮮新世前期の示準種), 小型の楕円形の殻は *Reticulofenestra* spp. と *Dictyococcites* spp.. 3) *Calcidiscus macintyrei* (中新世中期〜更新世前期の示準種). 4) *Syracosphaera* spp. (中新世中期〜更新世). 5) *Braarudosphaera bigelowii*, 6) *Discoaster surculus*, 7) *Gephyrocapsa caribbeanica*, 8) *Reticulofenestra pseudoumbilicus*.

　ココリス類の生息域は大部分が海水で, 少数が汽水域に生息し, 赤道域から両極海まで広く分布する. 種の多様性は低緯度域で高く, 高緯度および内海で低く, 個体数は亜寒帯域がもっとも多い. 現生種は海洋環境に適応しているため, 化石群集解析から古環境の推定が可能である. また, ココリス類はジュラ紀以降に出現して広範囲に分布し, 各種の生

存期間が比較的短いために時代対比に有効である.

4) 珪藻類

珪藻類(Diatoms)は, 原生生物界珪藻門(Bacillariophyta)に属する単細胞藻類で, 葉緑体をもち光合成を営む. 生体では非晶質の含水シリカからなる外殻(被殻)をもち, これが死後化石として保存される(図3-9). 殻の大きさは, 数〜1000 μmで, 通常は10〜100 μmのものが多く, 内部に網状または櫛状の構造が発達する. この微細な構造は, 汚水フィルターなどのろ過材や七輪などの断熱材, ビスケットに歯ごた

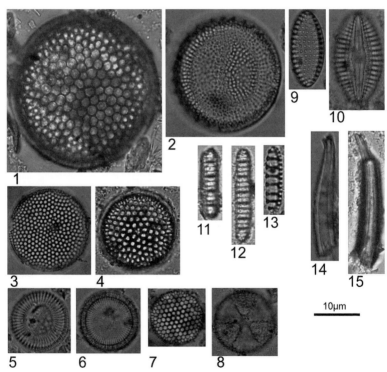

図3-9 珪藻類の化石. 光学顕微鏡の写真, 写真提供:堀内誠示氏. スケールはすべてに適応される. 1) *Coscinodiscus marginatus*, 2) *Thalassiosira bramaputrae*, 3) *Azpeitia vetusissima*, 4) *Thalassiosira antiqua*, 5) *Cyclotella striata*, 6) *Paralia sulcata*, 7) *Thalassiosira eccentrica*, 8) *Actinoptychus senarius*, 9) *Nitzschia granulata*, 10) *Diploneis smithii*, 11) *Denticulopsis simonsenii*, 12) *Denticulopsis vulgaris*, 13) *Neodenticula kamtschatica*, 14) *Proboscia praebarboi*, 15) *Rhizosolenia miocenica*.

えをあたえるための食品添加剤などとして利用されている.

珪藻類は海水・淡水を問わず水分のあるあらゆる環境に生息し，底生，付着性，浮遊性など多様な生活型がある．そのため堆積物の堆積環境，とくにその堆積物が海水で堆積したか淡水で堆積したかを検討するときに有効である．また，生層序研究にも活用されている．なお，珪藻類が集積した堆積物を珪藻土（Diatomite）とよぶ.

珪藻類は，第一次生産者として生態系を支える重要な位置を占め，最古の記録はジュラ紀で，確実な記録は白亜紀からで，古第三紀以降現在まで繁栄している．珪藻は塩分濃度，栄養塩濃度，pH，水温，水流，汚染度などさまざまな環境パラメーターのちがいによって特徴的な群集組成を示す．そのため，石灰質微化石の産出の乏しい中−高緯度地域の地層の対比や年代決定と古環境の復元に有効である.

5）胞子と花粉

胞子（Spores）と花粉（Pollen）は，多細胞の植物体の一部であり，生殖細胞である．花粉と胞子は有機物からなり，その大きさは 10〜100 μm で，種により大きさは異なるが，同一種ではほぼ同じ大きさになる（図 3-10）．花粉の分類は，花粉そのものでなく母植物の分類に依存するが，新第三紀以前になると，母植物が明確でないため形態により分類される.

胞子と花粉の化石は，陸上の古植生や古環境，古気候を探るために有効で，花粉形態の進化から植物の系統進化を探る手段の一つにもなっている．植物の花粉と胞子は，化学的に強靭な外壁をもち，大量に散布されるため，泥炭層から深海堆積物まで広い範囲の堆積物に保存されている．また，生層序学的には陸域と海域の対比にも有効である.

6）有孔虫類

有孔虫類（Foraminiferid）は，肉質虫綱（Sarcodina），有孔虫目（Foraminiferida）に属する原生生物（Protozoa）である．有孔虫の体部は原形質（Protoplasm）と殻（Test）からなり，根状の仮足をもつことから根足虫類（Rhizopoda）として分類される.

殻の大きさはふつう 100〜800 μm 程度で，底生型の中にはより大きく成長するものもある．有孔虫類はおもに海洋に生息し，低塩分や高塩

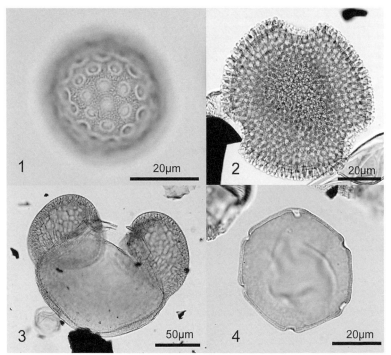

図3-10 花粉の化石，現世の標本．光学顕微鏡の写真，写真提供：楡井 尊氏．1) アカザ科，
2) フウロソウ属，3) モミ属，4) クルミ属－サワグルミ属．

分の沿岸海水中でも生存できる種もある．有孔虫類のほとんどは底生型
で，一部に浮遊性型のものがあるにすぎない（図3-11）．

　有孔虫の分類は，原形質によらず殻の形態をもとにおこなわれ，有孔
虫の殻の殻壁の構成物質と組織には，膜質殻（Allogromiina 亜目），膠
着質殻（Textulariina 亜目），微粒質殻（Fusilinina 亜目），磁器質殻
（Miliolina 亜目），ガラス質殻（Rotalina 亜目）の五つのグループがある．

　膜質殻と膠着質殻をもつグループを除いて有孔虫の殻は炭酸カルシウ
ムで形成されている．膜質殻をもつ有孔虫は，殻が壊れやすく化石とし
て残ることが少なく，膠着質殻をもつ有孔虫は炭酸カルシウムの飽和し
ていない内湾，極，深海などの水塊において重要である．微粒質殻のも
のはフズリナ（紡錘虫）であり，古生代後期の重要な示準化石である．

　有孔虫はカンブリア紀以降の化石として約3万8,000種が記載され，
その他に1,000種が現在の海洋に認められている．浮遊性有孔虫はジュ

図3-11　有孔虫の化石. 走査型電子顕微鏡（SEM）の写真. スケールはすべて100μm.
1）〜9）は底生で, 10）〜14）は浮遊性. 10）と11）は中新世後期, その他は更新世
の標本. 1）*Ammonia beccarii*, 2）*Elphidum excavatum clavatum*, 3）*Elphidum
advenum*, 4）*Lenticulina calar*, 5）*Pseudorotalia gaimardii*, 6）*Cassidulina carinata*,
7）*Lagena sulcata spicata*, 8）*Bulimina marginata*, 9）*Rectobolivina raphana*,
10）*Globoquadrina dehiscens*, 11）*Globigerina nepenthes*, 12）*Globorotalia
truncatulinoides*, 13）*Orbulina universa*, 14）*Globigerinoides ruber*.

ラ紀後期に出現し, 白亜紀以降40属以上, 約400種が記載されている.
底生有孔虫はあらゆる水深の海に適応しているが, 海底の環境により種
構成が異なり, 海底環境の推定に有効である. それに対して浮遊性有孔
虫はより広い海洋水に分布し, 種の生存期間も限られることから時代対
比や海水環境などの研究などに有効である.

　現在の海に生息する浮遊性有孔虫には, 大きく分けて棘（Spines）を
もつ型（Globigerinidae）と棘をもたない型（Globorotalidae）の二つの
科に属する約30種の浮遊性有孔虫が生息する. 浮遊性有孔虫は, 光の
とどく海水表層部と水深200m程度のやや深い水深にすんでいるが, 後
者には *Globolotalia* 属のものが含まれる.

浮遊性有孔虫は，水の密度の 2.7 倍の密度の殻をもつため，表面積の増加や表面装飾，棘，殻の重さを減少させるための口孔の発達などによって浮力を獲得している．棘をもつ型の有孔虫は，棘を殻表面から放射状にだし，いくつかの棘は室の直径の 5 倍以上になる場合がある．水の粘性は水温の低下とともに増大し，0℃の水の粘性は 25℃のそれの 2 倍であるため，海水の粘性は水深と緯度の両方によって変化し，暖かい海水中を好む浮遊性有孔虫は殻をより沈みにくい形につくる必要がある．そのため，熱帯の浮遊性有孔虫の殻は，より薄く多孔質で，大きい口孔，棘の発達，装飾の発達などの特徴がみられる．

　Globorotalia 属のように海水中のある特定の深さを好む有孔虫は，その深さを維持するために殻の表面に方解石を形成させ，殻の重さを増大させて浮力を制御する．このように，浮力と浮遊性有孔虫殻のそれぞれには密接な関係があり，したがって海水の密度は浮遊性有孔虫の分布にとって大きな要因となる．また同時に，海水においては海水の密度は水温と密接に関係するため，浮遊性有孔虫は水温の直接の指示者となる．

　浮遊性有孔虫の海洋における分布は，水温と塩分濃度がその分布を規制する重要な要因であり，浮遊性有孔虫の分布は水塊分布のよい指示者となる．浮遊性有孔虫は極から赤道にかけて，熱帯（Tropical zone），亜熱帯（Subtropical zone），寒温帯（Cold temperate zone），極帯（Polar zone）の五つの帯状の分布パターンをもち，それらは北と南の両半球でほぼ同じように観察される（図 3-12）．

　また，現在の浮遊性有孔虫の海洋での分布と同様に，海底の表層堆積物中の有孔虫分布もこれと類似し，熱帯（Tropical zone）、亜熱帯（Subtropical zone），遷移帯（Transitional zone），亜極帯（Subpolar zone），極帯（Polar zone）の五つの帯に区分される．

　海底での掘削や世界各地の地層から産出する浮遊性有孔虫化石から，現在のような帯状分布は，中新世前期までは明確でなく，中新世前期までは Blow（1969）などが設定した生層序層準がほぼ世界中で地質時代の細分や地層の時代決定に有効である．しかし，それ以後の時代では，極帯の発達とともに亜極帯などが形成されてきて，帯ごとと大洋ごとの各時代の特徴種をもちいた生層序層準を設定する必要があり，Berggren et al.（1994）などによりそのような生層序層準の設定がおこなわれた．

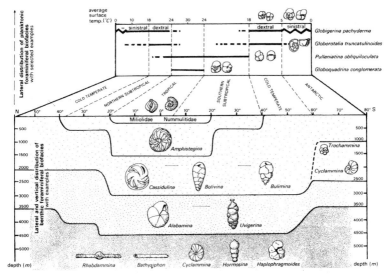

図 3-12　太平洋における現世の浮遊性有孔虫の水平分布と底生有孔虫の垂直分布
　　　　（Brasier, 1980）.

　底生有孔虫は汽水から海水のすべての水深の底質と海水の間に生息し,
ほとんどのものは動くことができるが, いくつかのものは底質に固着す
る. 底生有孔虫の地理的分布は緯度により決定され, 熱帯域では高い
多様性がみられる. しかし, 底生有孔虫の地理的分布パターンは複雑で,
それは温度や塩分以外に海水の他の特徴（光の強さ, 栄養分, 水圧, 流
れの強さ, 酸素や二酸化炭素の含有量など）によって制御されている.

　沿岸の浅海や大陸棚の堆積物には, 浮遊性有孔虫にくらべ底生有孔虫
の数は相対的に多く, 汽水環境や水深によって群集組成が区別されるこ
とが多く, 環境の指示者として役立つ. このことを利用して底生有孔虫
の空間的・層序学的分布から過去の堆積盆の環境の復元とその変遷につ
いての研究が多くなされてきた. しかし, 底生有孔虫の殻は他の大型化
石の殻と同様に水や堆積物の運搬作用によってより深い環境に運ばれる
場合がある.

　底生有孔虫の一般的な水深帯は, Boltovskoy and Wright（1976）によ
って次のように要約されている.

潮間帯（Intertidal zone）： 強 い 波 の エ ネ ル ギ ー 環 境 に 対 応 で き

る *Discorbis* や *Cibicides* の固着型や殻の厚い *Ammonia beccarii* や *Elphidium* が多い.

内沿岸帯（Inner shelf zone：水深 0～30 m）：*Elphidium, Ammonia, Quinqueloculina,* ミリオリド型の多くや *Poroeponides.*

中沿岸帯（Middle shelf zone：水深 30～100 m）：多様性が増加し，もっとも一般的な属は *Ammonia, Elphidium, Quinquiloculina, Triloculina, Spiroculina, Discobs, Bulumina, Buccella* で，熱帯の浅海では *Amphistegina, Peneroplis, Archaias, Heterostegina* などがそれに加わる.

外沿岸帯（Outer shelf zone：水深 100～130 m）：さらに多様性が増加し，*Lagenids, Buliminids, Cibicides* などのガラス質石灰質型が磁器質型にかわって増加し，もっとも一般的な属として *Cassidulina, Cibicides, Nonionella, Uvigerina, Fusenkoina, Pullenia,* それと内部構造の複雑な膠着質の種を含む.

上部～中部漸深帯（Upper and middle bathyal zone：水深 130～1,000 m）：さらに多様性が増加し，一般的な属はより球形の殻をもつ *Bolivina, Uvigerina, Cassidulina* と *Gyroidina, Bulimina, Pullenia, Cibicides* など，また Nodosariides はより変化にとむ．磁器質型では，とくに *Pyrgo* が重要となる．殻の大きさはいくつかのグループで増大し，表面装飾はより複雑となる.

下部漸深帯（Lower bathyal zone：水深 1,000～3,000 m）：多様性は減少し，底生有孔虫の量も減少する．膠着型の種は重要となり，石灰質型は水深 3,000 m 以下では重要でなくなる．一般的な属は *Oridorsals, Stilostomella, Pleurostomella, Melonis, Gyroidina, Globocassidulina, Cibicides, Epistominella, Pyrgo, Eggerella.*

深海帯（Abyssal zone：水深 3,000～5,000 m）：炭酸カルシウムの溶解の結果，石灰質型がみられず，膠着型が重要となる．底生有孔虫はまれであるが，堆積の減少のために集積する傾向にある．一般的

な属は *Bathysiphon, Cyclammina, Haplophragmoides, Rhabdammina, Cribrostomoides.*

7) 放散虫類

放散虫類（Radiolarians）は，原生生物の肉質虫綱の軸足虫亜綱の放散虫目（Radiolaria）に属する．放散虫類の骨格（殻）は，ほとんどがシリカや硫酸ストロンチウムからなり，その大きさは10〜300 μm である（図 3-13）．

放散虫類は，海洋に生息する浮遊性の生物で，熱帯から寒帯，浅海から深海まで広く分布する．放散虫類はカンブリア紀に出現して現在まで生息する．

放散虫化石は，チャートや珪質泥岩に多量に含まれ，シルル系から第四系までの時代対比や海洋環境変遷などの研究に有効である．日本では，中生代や古生代の赤色チャート層や泥岩層の放散虫化石が研究され，それらの地層の年代決定に役立っている．

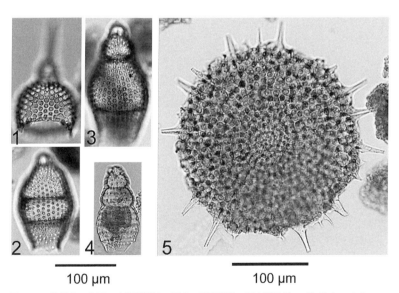

100 µm   100 µm

図 3-13　放散虫の化石．光学顕微鏡の写真．写真提供：堀内誠示氏．　1）*Calocycletta* sp., 2）*Eucyrtidium yatsuoense*, 3）*Phormocyrtis alexandrae*, 4）*Phormostichoartus marylandicus*, 5）Porodiscidae sp.

8) 貝形虫類

　貝形虫類（Ostracods）は，節足動物門（Arthropoda）の甲殻綱（Crustacea）に属し，貝形虫亜綱（Ostracoda）をなすグループである．種によって異なるが，孵化後に8回程度の脱皮をおこない成体となる．発光することで有名なウミホタル（*Vargula hilgendorfii*）も貝形虫の一種である．

　化石と現生をあわせた種類は10万種に達し，日本周辺からでも500種以上が報告されている．生活形態は底生（表生，内生，海藻上に生息など）あるいは遊泳性で，底生の方が多い．化石の記録はカンブリア紀からある．

　体長は大部分の貝形虫で0.2～1 mmであるが，遊泳性の現生種では25 mmに，古生代の化石で80 mmに達する種も報告されている．殻は遊泳性種では石灰化が弱くキチン質であるため，化石としては保存されにくい．

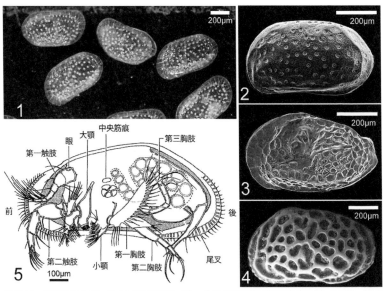

図3-14　貝形虫の化石．1）は光学顕微鏡，2）～4)は走査型電子顕微鏡（SEM）の写真，写真提供：塚越 哲氏．1）*Cythere golikovi*（更新世），2）*Cythere uranipponica*（現世），3）*Spinileberis quadriaculeata*（完新世），4）*Callistocythere nipponica*（現世）（SEM），5）貝形虫（*Candona suburbana*）の雄の成体（右殻）（Benson et al., 1961).

底生種では石灰化が進み，化石として残りやすい（図 3-14）．生息場所は湿地帯や水たまり，田圃，河川，湖沼などの陸水域から汽水，浅海域，さらには深海域までのあらゆる水塊で，それぞれの生息環境でまったく異なる種が分布している．もっとも個体数が多い場所は，湖沼や流れの弱い河川と陸棚以浅の浅海域である．

　貝形虫化石を用いた古環境解析にもっとも有効な試料は，陸棚以浅の浅海域（亜沿岸帯）に堆積した砂質および泥質堆積岩で，とくに内湾成堆積岩では有孔虫よりも多く抽出されることがある．底生貝形虫は幼生期間に浮遊性生活をしないため，同じ種の分布範囲は狭く，古地理や古生態の研究にも有効である．しかし，生層序学的には地域的な比較しかおこなえない．

9) コノドント類

　コノドント類（Conodonts）は，大きさが 1 mm 前後で，角形，櫛形，プラットフォーム形の主成分がリン酸カルシウムからなる脊椎動物の歯とよく似た構造および成長様式を示す化石である（図 3-15）．この化石は，カンブリア紀から三畳紀の石灰岩やチャート，珪質泥岩，泥岩など海成層に産出し，示準化石としてきわめて有効であるが，最近までコノドントをもつ動物が明らかになっていなかった．

　コノドント動物については，1983 年にスコットランドの石炭系下部のグラントン砂岩層中から，口のまわりにコノドントからなる器官をもった体長 4 cm 前後の脊索をもつヒモムシ様の動物化石が発見された．その後も保存の良い化石が発見され，1993 年には同層中の緑色頁岩中から完全な遺体（*Clydagnathus cavusformis*）が発見された．

　このクリダグナサスは，細長い円筒形の体をしていて，先端に前に開いた口があり，コノドントは口の内側周辺に並んで鋭い歯として機能したと考えられている．また，頭部側面には体に対してとても大きな目を二つもつ．このクリダグナサスは，原始的な魚類であるヤツメウナギ（円口類）に近いとされている．しかし，ヤツメウナギなど円口類は歯をもたないが，クリダグナサスは歯のような硬組織をもつことから，円口類より進化した生物と考えられている．

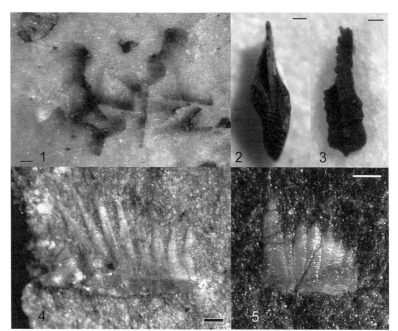

図 3-15　コノドントの化石，光学顕微鏡の写真．写真提供：山北 聡氏．スケールはすべて
0.1mm．1）*Kamuellerella gebzeensis* の自然集合体（三畳紀前期～中期）．2）
Idiognathodus delicatus（石炭紀後期），3）*Carnepigondolella samueli*（三畳紀後期），
4）*Neospathodus cristagalli*（三畳紀前期），5）*Hindeodus parvus*（三畳紀最前期）．

コラム
4

現生浮遊性有孔虫図鑑

　現在海洋に生息する浮遊性有孔虫は約30種といわれ，図1と図2にそのう
ち28種の走査型電子顕微鏡（SEM）の写真を掲載する．

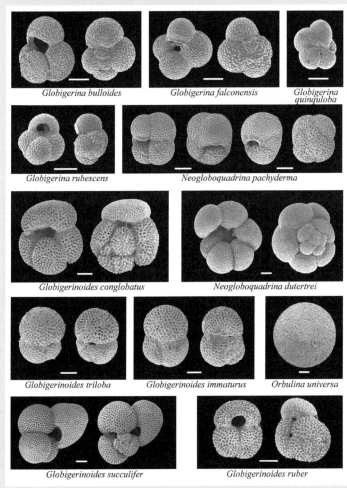

Globigerina bulloides　　　*Globigerina falconensis*　　*Globigerina quinqeloba*

Globigerina rubescens　　*Neogloboquadrina pachyderma*

Globigerinoides conglobatus　　*Neogloboquadrina dutertrei*

Globigerinoides triloba　　*Globigerinoides immaturus*　　*Orbulina universa*

Globigerinoides succulifer　　*Globigerinoides ruber*

図1　現生浮遊性有孔虫の走査型電子顕微鏡（SEM）の写真その1．スケールはどれも100 μm.

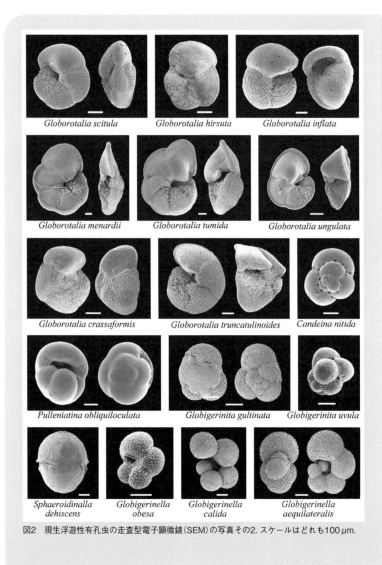

Globorotalia scitula　*Globorotalia hirsuta*　*Globorotalia inflata*

Globorotalia menardii　*Globorotalia tumida*　*Globorotalia ungulata*

Globorotalia crassaformis　*Globorotalia truncatulinoides*　*Candeina nitida*

Pulleniatina obliquiloculata　*Globigerinita gultinata*　*Globigerinita uvula*

Sphaeroidinalla dehiscens　*Globigerinella obesa*　*Globigerinella calida*　*Globigerinella aequilateralis*

図2　現生浮遊性有孔虫の走査型電子顕微鏡（SEM）の写真その2．スケールはどれも100μm．

④ 生物進化の歴史

4-1 生命の起源

生命は地球上にいつどのようにして生まれたのか．そして，どのように発展・進化して現在に至ったのか．この問題は，古生物学のもっとも大きなテーマの一つである．しかし，生命の起源は化石がほとんど発見されていない時代の出来事のために，まだまだ多くの謎につつまれている．

1）無機物から有機物へ

地球は今から約46億年前に誕生したといわれる．地球の誕生とはどのようなものだったかは明らかではないが，それから8億年後の38億年前には，最古の堆積岩が形成された．最古の堆積岩は，グリーンランドのイスアに分布することが知られている．そして，35億年前には最初の生命の化石だとされるものが知られている．

生命とは，外界と物質代謝をおこなうものである．無機物からなる始原地球の上で生命がどのように誕生したのであろうか．ロシアのオパーリンは，生命の起源について，原始地球の環境でまず有機化合物のメタンがアンモニアと反応してアミノ酸と核酸などの窒素誘導体が形成されたと考えた．そして，そのアミノ酸がポリマーを形成してタンパク質を形成し，さらにタンパク質を主体とする高分子有機物の集合体が外界と物質代謝をおこなうようになり，生命が誕生したとした．

オパーリンの生命の起源説を実証する実験が，アメリカのミラーとユーリーによっておこなわれた．ミラーとユーリーは，メタンとアンモニア，水素の混合ガスに高電圧をかけ，シアンやアルデヒドとともにアミノ酸を生成することに成功した．

一方，地球外有機物の探求もおこなわれている．炭素質コンドライ（石質隕石）からアミノ酸の他に各種の炭化水素，核酸塩基，カルボン酸，不溶性の高分子化合物が検出されている．このことは，太陽系での

有機物合成が普遍的におこなわれていることを示している.

　原始地球の大気は，水蒸気，水素ガス，メタン，アンモニア，二酸化炭素などから構成されていたと考えられている．生命の誕生以前に，このような無機物などから生命体をつくるのに必要な有機物が化学的に生成されたことは確かで，このような過程を化学進化とよぶ.

2) 原始地球での生命の誕生

　細菌から動物までがもっている活動エネルギーである ATP（アデノシン三リン酸）を生成するための解糖系反応は，1分子のブドウ糖が嫌気的に2分子のピルビン酸（または乳酸）にまで分解され，その間に2分子の ATP が生成される過程をいう．しかし，細菌では解糖系をもつものは少なく，生命の起源以前にアミノ酸や乳酸などいろいろな有機物が化学進化で生成されていたことが実験で示されているものの，還元基がブロックされていないブドウ糖などがまだ実験では生成が確認されていない.

　そのため，このような糖を利用した ATP 生成機能は酸素発生型光栄養生物の光合成によって糖が形成されてから始まったとされる．それでは，生命が誕生した時の生物はどのような反応でエネルギーを獲得していたのか．そのことを核酸の塩基配列などで検討すると，生命の起源に近いところに位置している生物は，古細菌に属する超好熱菌と考えられている．そのため，生命は地球表面がまだ100℃近くにあったころか，地下深部の高温の場所か，あるいは熱水噴出孔付近で誕生したという考えがある.

　また，原始細胞が誕生した当時の地球表面の環境は酸素大気がなかったために嫌気的であり，さらに高温の熱水の中で多量に合成されていた有機物を利用した代謝がおこなわれていたと推定されている．このような代謝は現在の生物の中では発酵代謝と類似する．発酵は酸素を使わずにおこなわれる単純な ATP 生成機能であり，現在知られている発酵細菌は各種の有機化合物を発酵させて，成長のために水素，二酸化炭素，硫化水素，アンモニアなどの気体を発生させる．しかし，自然合成の有機物だけを利用する生態系は長く維持される可能性は低く，早期に独立栄養生物に進化した可能性がある.

　超好熱菌は，嫌気的な条件下で水素ガスを二酸化炭素と単体硫黄ある

いは三価鉄イオンで酸化するか，またはピルビン酸を酸化するなどして
ATPをつくる．ピルビン酸を酸化するなどしてATPが生成される過程
は発酵の一つで，そこから水素原子を単体硫黄や硫酸塩で酸化する系が
生じ，原始的呼吸系をもつ硫黄呼吸菌や硫酸還元菌などの化学合成細菌
が出現した可能性がある．硫黄細菌の一部には，嫌気性環境で硫化水素
と二酸化炭素を使って光合成をするものが現在知られていているが，こ
のような反応では酸素は発生しない．

　光合成とは細胞に到達した光エネルギーをリン酸結合の化学エネル
ギーであるATPとして蓄積することであり，現在の光エネルギーを利
用する生物のほとんどが太陽からの放射エネルギーを利用している．し
かし，太陽からの光エネルギーには紫外線が含まれていて，それは生
物にとってDNAを傷つけることから有害であり，太陽からの光エネル
ギーは酸素大気からのオゾン層形成後に生物に利用されることになる．
したがって，酸素発生型光栄養生物の誕生が，解糖系反応によるATP
生成機能の獲得のための糖の形成とともに，地球生物進化の最初のもっ
とも重要な段階とされている．

　酸素発生型光合成の光反応では地球上に豊富にある水と二酸化炭素か
ら有機物を合成する．水の分解には大きなエネルギーが必要であるが，
シアノバクテリアではそれが可能であり，光合成と酸素呼吸が同一の細
胞内でおこなわれ，窒素固定能力もある．すなわち，シアノバクテリア
の出現が地球の生命活動の基礎をつくったことになる．しかし，超好熱
菌からシアノバクテリアへの進化の道筋については，これまでのべてき
たように，現在十分に解明されているわけではない．

3) シアノバクテリアの化石

　シアノバクテリア（藍藻類）の化石
は，最古の化石として今から35億年
前の西オーストラリアのマーブルバー
に分布するダッファー層のチャートか
ら発見されている．マーブルバーから
は，今から35〜33億年前のタワー層
からもシアノバクテリアの化石が発見
されていて，同じ層準には縞状鉄鉱層

図4-1　縞状鉄鉱層（＊）．色のうす
い部分が赤色チャート層で，
黒い部分が鉄鉱層．

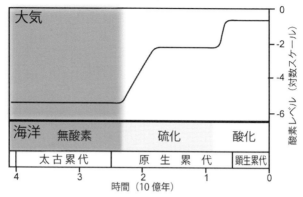

図 4-2 地質時代における酸素レベルの変化（Anbar, 2008）.

がみられる.

　縞状鉄鉱層（Jaspilite）（図 4-1）は，鉄とチャートの互層で，当時の還元的な海水中に遊離酸素が生命により供給されたことによって，鉄イオンが酸化して酸化鉄（Fe_2O_3）となって沈殿した結果形成されたと考えられている．そのため，縞状鉄鉱層の存在は遊離酸素を生成したシアノバクテリアの存在を示唆するものであるといわれる．ただし，酸素ガスが存在しなくても酸素を発生しない光栄養細菌や硝酸呼吸する細菌の中には嫌気的環境で光エネルギーを使って水酸化第二鉄にするものもあり，縞状鉄鉱層の存在がただちにシアノバクテリアの存在に結論づけられないという意見もある（山中, 2015）.

　しかし，シアノバクテリアの繁栄は大量の酸素とそれによる鉄の沈殿，すなわち大規模な縞状鉄鉱層の形成をもたらしたことは確実である．縞状鉄鉱層は今から 25 億年前までの太古累代とその後の原生累代前期（約 19 億年前）までの地層にみられ，とくに 25～22 億年前に多く集中していて，18 億年以降ほとんどみられなくなる．これは原生累代前期には海水中から大気への酸素の放出と蓄積が始まり，大気の組成が変化していったことを意味する（図 4-2）.

4）真核生物の誕生

　今から 25 億年前の原生累代になると，真核生物が出現する．真核生物は，すでに細胞のところ（44〜46 頁参照）でのべたように，細胞の

中に核をもち，単なる細胞分裂ではなく有糸分裂によって異なった形質の細胞を生成できる生物である．核をもたない原核生物から真核生物への進化については，原核生物である好熱菌（古細菌）に好気性菌やシアノバクテリアが寄生して，細胞内でミトコンドリア（呼吸）や葉緑体（光合成）などの細胞小器官を成立させて真核生物へ進化したという共生説が有力視されている．

　原生累代前期（25億〜16億年前）の，肉眼で見える大きさの生物に関する証拠には議論が多いが，真核生物である可能性のある化石はアメリカのミシガン州北部のほぼ20億年前のネゴーニー鉄鉱層からのコイル状のグリパニア（*Grypania spiralis*）がある．また，最近では，アフリカのガボンの21億年前のフランスビルB層の黒色頁岩から最大12cmの群体型生物の個体群の化石が発見されている（Albani et al., 2010）．

　真核生物が誕生した原生累代の今から約20億年前の時代は，酸素レベルが急速に上昇した25〜22億年前の後で，この時代には酸素を利用するさまざまな微生物が誕生し，その中から核とミトコンドリアなどの細胞小器官をもつ真核生物が誕生したと考えられる．真核生物の誕生は，シアノバクテリアの出現のつぎに起こった，地球の生物進化のもっとも重要な段階である．

　原生累代には台地の隆起によって安定した陸地が生まれ，隆起した陸地は大気中の酸素の増加もあり風化が進み，台地と台地の間に陸地からの砕屑物が堆積した大きな細長い盆地（地向斜）が形成されたと考えられている．原生累代の火成活動は，それまでの太古累代の花崗岩や変成岩が主体でそれをとりまいて緑色岩帯（緑色の変質した火山岩の地帯）が形成した活動とは異なり，台地を隆起させた成層火成岩体や造山帯でみられる花崗岩と玄武岩，それと超塩基性岩体からなるいわゆるオフィオライト（下位から超塩基性岩，はんれい岩，玄武岩，チャートからなる成層岩体）が主体であった．

5）多細胞生物の誕生

　今から10億年前の原生累代後期には，アメリカではグレンビル期，中国では震旦期，ロシアではバイカル期とよばれる造山運動の時期で，それにより広い大陸とその周辺に広大な浅海の陸棚が形成された．そして，その浅海の陸棚にシアノバクテリアによるストロマトライト（図

図 4-3　ストロマトライト（＊）．原
生代，西オーストラリア，
ミーカサラ．

4-3）が厚く形成された．

ストロマトライトは，現在では西オーストラリアのシャーク湾のハメリンプールなどでみられる．このハメリンプールは塩分濃度が高く，魚や無脊椎動物がほとんど生息しないため，シアノバクテリアのバイオマットがストロマトライトを継続して形成している（図 4-4）．

これと同様に，約 27 億年前の太古累代末期から約 6 億年前の原生累代末期におけるストロマトライトの形成は，シアノバクテリアが形成するバイオマットを食べる多細胞生物が誕生していなかったことに原因が求められる．また，とくに 10 億年前の原生累代後期のストロマトライトの広く大量な分布は，それ以前に起こった大陸の準平原化と，その後の海水準上昇により広大な浅海の陸棚が形成されたことを意味する．しかし，原生累代末期からストロマトライトはその量が大きく減少した．その理由は，ストロマトライトのバイオマットを餌にする生物が出現したためと考えられている．

原生累代の間に真核生物がどのように発展したかについて詳しいこと

図 4-4　西オーストラリアのシャーク湾のストロマトライト．写真提供：山崎昌幸氏．

はわかっていない．平（2007）によれば，12億年前までに真核生物の多様な生物群が誕生し（真核生物のビックバン），それらは原生累代後期に発展したが，その中で真核藻類の発展は重要で，その中から現在の緑藻類や褐藻類，紅藻類などの祖先にあたる真核多細胞藻類が進化したとされる．原生累代後期の地層からは，アクリタークとよばれる真核多細胞藻類の休眠細胞の化石が発見されている．真核多細胞藻類の発展は光合成による大気からの炭素固定と大気の酸素濃度を上昇させ，多様な多細胞生物，とくに多細胞動物の発展に大きな影響をあたえたと考えられる．

また，原生累代後期の地層には氷河性堆積層が認められていて，大陸氷床が発達した氷河時代が数回あったとされている．とくに現在低緯度地域に分布する氷河堆積層があることからスノーボール・アース（全地球凍結）仮説が提案された（Kirschvink, 1992）．そして，Hoffman et al.(1998) によって氷河性堆積層の上をおおう炭酸塩岩の特徴的な重なりから，全地球凍結にともなう地球環境の変遷がのべられた．しかし，このスノーボール・アース仮説については，地層の上下の不連続性や原生累代後期の地層対比などにまだ問題があり，今後十分な検討が必要と考えられる．

原生累代後期に，どのように多細胞生物が発展したかについての詳細を示す化石はほとんど発見されていない．しかし，多細胞生物が発展した結果としての化石が，5億9000万年前の原生累代末期に堆積した南

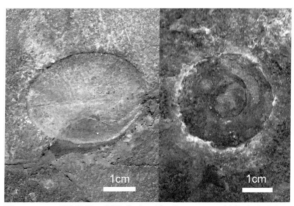

図4-5　ベンド生物界の化石（＊）．ディケンソニア（左）とサイクルメデュサ（右），ロシア．

オーストラリアのエディアカラに分布するパウンド珪岩（砂岩）から，多量の多細胞生物と思われる印象化石が発見される．それらの印象化石は，エディアカラ化石群とよばれ最古の多細胞生物の化石（図4-5）とされている．

エディアカラ化石群について，Glaessner（1984）はクラゲ様動物やウミエラ類などの刺胞動物と環形動物の多毛類などであるとして，多細胞動物と解釈した．しかし，これらの化石の多くは動物の体制の特徴である左右相称性が不確実で，動物ではなく現在の動物や植物の門に属さないものではないかという解釈もある（Seilacher, 1989）.

エディアカラ化石群に対比される化石群は，世界各地で報告されていて，これらの化石群がベンド系とよばれる地質系統のみから発見される特異な化石群であることから，エディアカラ化石群に含まれるこれらの生物群はベンド生物界（Vendobionta）とよばれる（Seilacher, 1992）.

4-2 無脊椎動物の進化

化石といえば，二枚貝やアンモナイト（頭足類）などの貝化石や，サンゴ（刺胞動物）などの無脊椎動物の化石を思いうかべる．これらの生物は古生代から出現し，さまざまな進化をとげて現在に至っている．ここでは，化石として知られるおもな無脊椎動物とその進化について紹介する．

1）無脊椎動物の適応放散

　古生代になると，最初の時代であるカンブリア紀に生物が大発展し，無脊椎動物だけでなく脊椎動物である魚類の先祖もあらわれ，シルル紀には植物が陸上に進出し始めた．さらにデボン紀は「魚の時代」とよばれ魚類など脊椎動物が発展し，両生類も出現した．石炭紀にはシダ植物などの大森林が陸上に広がり爬虫類が陸上生活を始め，その後のペルム紀には大陸氷河が発達し，古生代型の動物の多くが衰退した．

　カンブリア紀のもっとも古い地層から，リン灰石でできた1 mm以下の円錐状の化石が発見される．これは，トモティアン動物群（小有殻化石群）とよばれ，何かの動物の器官の一部と考えられている．小有殻化石群はカンブリア紀を通じて発見されるが，カンブリア系下部からは腕足類や三葉虫，アーケオキアタ類（古杯類）など体骨格の発達した動物化石が新たに産出する．

　アーケオキアタ類は古杯類とよばれ，炭酸カルシウムの骨格をもつ固着性の生物で，三葉虫が大繁栄する直前のカンブリア紀前期に繁栄した．この時代の動物化石相はアドダバニア期の化石群集とよばれる．この群集の出現は，カンブリア紀初期に外殻など生物の骨格の形成に，リン酸塩鉱物から炭酸塩鉱物（炭酸カルシウム）への移行がおこなわれたことが推定される．

　カナダのブリティッシュ・コロンビア州ロッキー山脈に分布するカンブリア紀中期に堆積したバージェス頁岩層には，原始的な節足動物を主体として，海綿動物から脊索動物と未知の動物群などが多量に含まれている．バージェス頁岩層から発見される化石からは約120属の生物が報告されているが，それらは単一の種から定められた属で，きわめて多様性に富み，現在では生息しない奇妙な形をしたものが大部分で，そのうち3分の2が現在の分類による系統上の位置が不明な未知の動物ともい

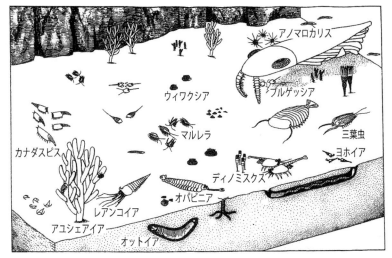

図4-6　バージェス動物群とすんでいた海底（Morris and Whittington, 1985）.

われる．この特徴的な動物化石群はバージェス動物群とよばれ，グール
ド（1993）の著書によって日本でも広く知られている．

　バージェス動物群には，オパビニアやアノマロカリスなどの現在の分
類群に属さない動物が有名だが，ピカイアなどの脊索動物も含まれる．
また，サンゴなどの石灰質の殻をもつものも出現し，硬組織の多様な発
達がみられる．これは，カルシウムの沈着にともない，神経系や筋肉系，
硬組織の発達が進んだことを意味する．さらにこの動物群には，表生型
底生動物だけでなく内生型や遊泳型の動物も出現する（図4-6）．

　バージェス動物群にみられる，この脊椎動物の祖先も含む無脊椎動物
の爆発的なさまざまな生物の出現は，生物進化の初期の実験段階で多様
なデザインが生みだされ，その後はその多様な中で淘汰され標準化した
ものから，現在まで生き残った生体デザインが限定され進化したと考え
られている．

　最近までに，バージェス動物群と同時期のものと考えられる化石動物
群が世界の各地から発見されている．なかでも，グリーンランドのシリ
ウス・パセット動物群と中国雲南省の澄江動物群は，バージェス動物群
の内容を補うものとされている．

　なお，無脊椎動物は目レベルではオルドビス紀の終わりまでに現在と

同程度までに達した．そして，科以下のレベルでは，中生代以降にさらに多様化が進んでいる．

　カンブリア紀の化石には，三葉虫が多く，その他に無関節腕足類や軟体動物単板綱などがある．古生代の化石全体では，サンゴやウミユリ，コケムシをともなう腕足類に富む群集である．中生代になると軟体動物に富む群集が主体となり，これは陸棚域の拡大にともなう生物群集の変化と考えられている．また，新生代では内生型底生動物が特徴的である．

　以下に，古生代から繁栄したおもな無脊椎動物群についてのべる．

2) 海綿動物門

　海綿動物門（Porifera）は，器官系が分化しないため側生動物とよばれ，真正後生動物と区別される．大部分が海生の着生生活で，幼生は母体を離れて浮遊し付着する．一様な膠質結合組織からなり，骨針をもつ．

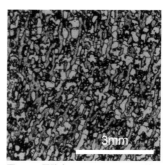

図 4-7　層孔虫　*Astroprina* sp. の断面．白亜紀中期，第一鹿島海山．

　海綿動物門には，石灰海綿，六放海綿，普通海綿，層孔虫，硬骨海綿などが含まれる．普通海綿は白亜紀に繁栄し，ガラス海綿は中生代中〜後期に深海へ移動し，石灰海綿はカンブリア紀から知られるが石炭紀以降発展した．層孔虫（図 4-7）は，筒状の石灰質の外骨格を層状に形成するもので，オルドビス紀以後に出現し，シルル紀〜デボン紀に発展したが，中生代末に絶滅した．層孔虫は，古生代と中生代のサンゴ礁を構成する重要な化石である．

3) 刺胞動物門

　刺胞動物門（Cnidaria）は，クラゲやサンゴに代表され，ほとんどが海生である．この門には，原クラゲ綱，鉢虫綱（クラゲ），ヒドロ綱，花虫綱（サンゴ）があり，化石として重要なのは外骨格が石灰質で構成されて残る花虫綱である．

　花虫綱は，四放（四射）サンゴ，床板サンゴ，異放サンゴ，八放サンゴ，六放（六射）サンゴに分けられる．

図4-8 四放サンゴ（*）.
Kueichophyllum yabei, 石炭紀前期, 岩手県大船渡.

四放（四射）サンゴ：原隔壁6本が形成したのち, 四つの象限に同時に後隔壁が形成される隔壁の挿入様式から四放とよばれる（図4-8）. 古生代のみに知られるグループで, Cystiphyllida 目, Streptelasmatida 目, Columnariida 目に区分される. オルドビス紀中期に最初の記録があり, シルル紀に繁栄し, デボン紀末に多くの種類が絶滅するが, Streptelasmatida 目は石炭紀からペルム紀に発展し, 古生代末に絶滅する.

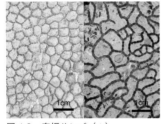

図4-9 床板サンゴ（*）.
ハチノスサンゴ（*Favosites gotlandica*）（左）, クサリサンゴ（*Halysites gracilis*）（右）, どちらもシルル紀, スウェーデン, ゴトランド島.

床板サンゴ：四放サンゴと同様に古生代を代表する絶滅したサンゴ類である. 単純な骨格構造で群体を形成し, 個体は細長い柱状で, 床板があり, 隔壁はあまりない. 個体の連結状態によって, ハチノスサンゴ目（Favosida）, クサリサンゴ目（Halysitida）, 日石サンゴ目（Heliolitida）, クダサンゴ目（Syringoporida）, キセルサンゴ目（Auloporida）に分けられる（図4-9）.

異放サンゴ：骨格構造は四放サンゴより単純で, 厚く中央にのびた隔壁からできて, 非対称の分岐パターンを示す. デボン紀前期に出現し, 石炭紀後期に絶滅した.

八放サンゴ：ポリプが8本の触手をもち, 隔膜も8個で構成される. 現生では, 根生目, コエダ目, ウミトサカ目, ヤギ目, アオサンゴ目, ウミエラ目に区分される. 石灰質骨格をもつグループはおもにサンゴ礁に生息し, アカサンゴやモモイロサンゴは宝石サンゴ類とよばれ, ヤギ目に属し, 水深数十〜数百 m の海底に生息する.

六放（六射）サンゴ：隔膜や骨格構造の一つの隔壁が 6 の倍数でできている．クラゲ型をもたず，生活史はポリプ型で，動物食で体内に褐虫類という単細胞の藻類が共生している．石サンゴ目（Scleractinia），ツノサンゴ目（Antipatharia），イソギンチャク目（Actiniaria）が含まれるが，化石としては石サンゴ目が多産する（図 4-10）．中生代以降に発展し，年

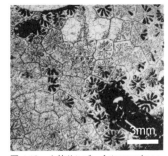

図 4-10　六放サンゴ　*Astrocoenia* sp., 白亜紀中期，第一鹿島海山.

平均水温 25〜29℃ で冬の水温が 15℃ 以上の，淡水や土砂の流入のない水深が 0〜50 m の浅い海域に生息する．

4）腕足動物門

　腕足動物門（Brachiopoda）は，左右相称の二枚の殻からなるが，背殻と腹殻とでは大きさと形態が異なり，腹殻がふつう大きく，殻の中をおおう外套腔の大部分は触手冠からなる．腕足動物門には，有関節類と無関節類があり，シャミセンガイなど無関節類にはキチン質のリン酸カルシウムを主成分とする殻をもつものがあるが，他はすべて炭酸カルシウムの殻をもつ．二枚の殻は有関節類では蝶番でつながり，無関節類では蝶番がなく筋肉でつながる．殻長は 5cm 前後である（図 4-11）．

　現生種はすべて海生で，ほとんどは腹殻の後端から尾のような肉茎がのびて岩などに固着するが，シャミセンガ

図 4-11　腕足動物の化石（*）. *Paraspirifer acninatus*, デボン紀, アメリカ, オハイオ州.

イは砂泥の海底に穴を掘って生息している．生息深度は潮間帯から 6,000 m の深海までおよぶが，半数は陸棚〜大陸斜面上部域に生息する．

　カンブリア紀初期から現生まで連続して化石の記録があるが，古生代に繁栄し，古生代末に多くの種類が絶滅した．

5) 軟体動物門

　軟体動物門（Mollusca）は，無板綱（むばんこう），多板綱（たばんこう），単板綱（たんばんこう），腹足綱（ふくそくこう），頭足綱（とうそくこう），吻殻綱（ふんかくこう），掘足綱（くっそくこう），二枚貝綱（にまいがいこう）に分類される．化石として重要なのは，腹足綱，頭足綱，二枚貝綱である．

腹足綱（Gastropoda）：腹足綱はいわゆる巻貝（図4-12）であり，一般的に見られる重要な形質として頭部触角をもち，少なくとも幼生期に

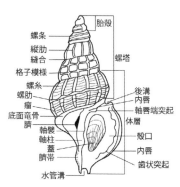

図4-12　腹足綱の殻と部位の名称．

蓋（ふた）をもち，生殖器官は必ず片側にのみ存在し，発生の過程でねじれが生じる．腹足綱は汽水生・淡水生・陸生のものもあるが，ほとんどが海生である．また，固着性のものもあるがほとんど底生の表生性で足を使い匍匐（ほふく）する．カンブリア紀初期に出現し，古生代には原始腹足類の殻をもつグループが主体をなす．肉食の新腹足類は，白亜紀前期から出現して急激に多様性が増加した．

図4-13　掛川層群の腹足類化石．スケールは1cm．1) *Umbonium* (*Suchium*) *suchiense suchiense*, 2) *Glossaulax didyma*, 3) *Baryspira albocallosa okawai*, 4) *Siphonalia declivis declivis*, 5) *Turritella perterebra*, 6) *Fulgoraria* (*Musashia*) *totomiensis*, 7) *Reishia nakamurai*, 8) *Rapana venosa*, 9) *Cancellaria* (*Habesolatia*) *nodulifera*, 10) *Lischkeia alwinae*, 11) *Zeuxis castus*.

図4-13に更新世前期の掛川層群の代表的な腹足綱化石を示す.

頭足綱（Cephalopoda）：頭足綱は
いわゆるイカやタコの仲間である.
体は左右相称で，体部は後方から
内臓塊・頭部・足部に分かれ，内
臓塊の表皮がのびて，外套膜とな
り体部を包む. 炭酸カルシウムを
主成分とする殻は外套膜の外側ま
たは内部に分泌される. 殻は隔壁
によって区分され，連室細管によ
って各室がつながり，最終室に体
部がおさまる（図4-14）. 頭足綱

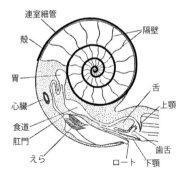

図4-14 アンモナイトの体と部位.

は海生で遊泳性に優れ，代謝効率もよく，脳や視覚・神経系も発達し
ている. 化石として重要なものは，オウムガイ類，エレスメロケラス
類，アンモナイト類，化石鞘形類がある. オウムガイ類は，カンブリ
ア紀から生息するが，現生では1属5種のみである. エレスメロケラ
ス類は，カンブリア紀からオルドビス紀にかけて栄え，古生代前期の
直錐型と曲錐型のノーチロイド型頭足類の根幹をなす. アンモナイト
類は，シルル紀後期に出現して白亜紀末まで繁栄をとげた. アンモナ
イト類はオウムガイ類と似ているが，オウムガイ類とは初期殻体構造
と連室細管の位置が異なることと，隔壁が外側に向かって凸であるこ
と，縫合線が複雑であるというちがいがある.

アンモナイト類の大分類は，おもに
縫合線の個体発生的変化にもとづい
ておこなわれる（図4-15）. 縫合線は
殻の表面ではみえないので，それを
見るためには殻の表面を削るか酸で
溶かさなればならない. アンモナイ
ト類は，バクトテリス目（Bactritida），
アナルセステス目（Anarcestida），
ゴニアタイト目（Goniatitida），クリ

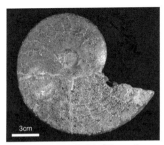

図4-15 アンモナイト（*Placenticeras meeki*）（＊）, 体と殻の縫合線.

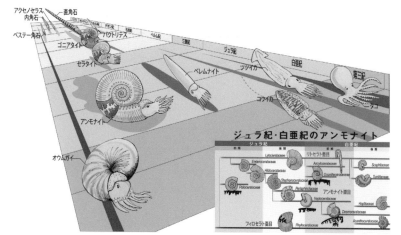

図 4-16　頭足類の種類と進化.

メリア目（Clymeniida），プロレカニテス目（Prolecanitida），セラタイ
ト目（Ceratitida），アンモナイト目（Ammonitida）の各目に分けられる.
アンモナイト目はジュラ紀から白亜紀に繁栄し，示準化石として重要で
ある．図 4-16 に頭足類の系統を示す.

化石鞘形類（Coleoidea）は現生種のイカ・タコ類を含む仲間で，コ
ウイカ目（Sepiida），ツツイカ目（Teuthida），八腕目（Octopoda），
コウモリダコ目（Vampuromorpha）のほか，オーラコケラス目
（Aulacocerida），ベレムノイド目（Belemnitida），フラグモチュース
目（Phragmotheuthida）がある．これらは，化石記録が不完全で系
統関係など不明な点が多い.

二枚貝綱（Bivalvia）：二枚の左右相称の殻をもつ軟体動物である．二
枚貝の体制は基本的に左右相称で，各器官が左右一対もつ．軟体部は
斧状の足とそれにつづく内臓塊を中心に左右に鰓があり，これらを外
套膜がつつむ．左右の殻は，背縁で靭帯により結ばれ，閉殻筋によっ
て閉じられる．二枚貝はカンブリア紀初期から知られ，海生と淡水生
である．図 4-17 に二枚貝の形態の特徴と部位の名称を示し，図 4-18
に更新世前期の掛川層群の二枚貝化石を示す.

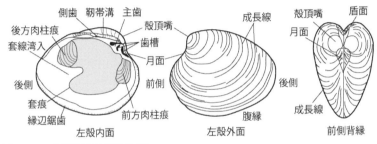

図 4-17　二枚貝類の殻と部位の名称.

図 4-18　掛川層群の二枚貝類化石. スケールは 1cm. 1) *Callista chinensis*, 2) *Glycymeris totomiensis*, 3) *Glycymeris albolineata*, 4) *Limopsis tajimae*, 5) *Bathytormus foveolatus*, 6) *Anadara (Scapharca) castellata*, 7) *Megacardita panda*, 8) *Amussiopecten praesignis*.

6) 節足動物門

　節足動物門（Arthropoda）には，三葉虫形類，鋏角類，多足類，六脚類，甲殻類，貝形虫類，蔓脚類などがある.

三葉虫形類（亜門）（Trilobitomorpha）：

三葉虫形類は，体部が頭・腹・尾の三節に明確に分かれている節足動物の特徴をもち，それに対してその直交方向に三葉に分かれている. このことから三葉虫とよばれる（図4-19）. 三葉虫形類は，カンブリア紀〜ペルム紀後期に繁栄したが，オルドビス紀末には多くの種が絶滅した.

図 4-19　三 葉 虫（*Flexicalymene ouzregii*）(＊). オルドビス紀, モロッコ.

鋏角類（Cheliceriformes）：鋏角類は，カブトガニ，クモ，サソリ，ウミグモ，ウミサソリなどからなり，オルドビス紀～現在まで生息する．カブトガニのもっとも古い化石はペルム紀から知られるが，カブトガニは現在，日本の瀬戸内海から九州西北部の沿岸や東南アジアからインドにかけて，また北アメリカの東海岸からユカタン半島にかけての浅海に生息している．カブトガニの幼生の姿は三葉虫に似ているこ

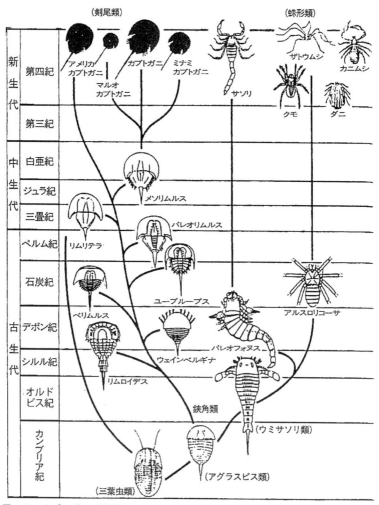

図 4-20　カブトガニの系統進化（大森，2000）.

とから，三葉虫の子孫にあたる生物とされ，両者の系統関係は図 4-20 のように考えられている．

六脚類（Hexapoda）：六脚類はいわゆる昆虫にあたり，現生種で 100 万種ともっとも種数の多い動物群である．ほとんど陸生か淡水生で，成体はすべて気管で空気呼吸する．デボン紀中期には化石の記録があり，石炭紀に爆発的に進化した．

甲殻類（Crustacea）：甲殻類は海および淡水に生息し，口の前に二対の触角と口の後ろに一対の大顎をもつ．先カンブリア紀末期〜現在まで生息する．

貝形虫類（亜綱）（Ostracoda）：貝形虫類はカンブリア紀に出現し，中生代後期に急激に発展した．新生代中新世以降は属・種レベルであまり変化していない（92〜93 頁参照）．

蔓脚類（亜綱）（Cirripedia）：蔓脚類は，いわゆるフジツボで，シルル紀〜現在まで生息する．

7）棘皮動物門などその他

棘皮動物門（<ruby>棘皮動物門<rt>きょくひどうぶつもん</rt></ruby>）（Echinodermata）：ウミユリ（図 4-21），ウニ，ナマコ，ヒトデ，クモヒトデ（図 4-22）などほぼすべてが海生で，カンブリア紀前期〜現在まで生息する．古生代には多様な形態のさまざまなグルー

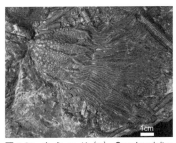

図 4-21　ウミユリ（*）. *Scyphocrinites elegans*，デボン紀，モロッコ.

図 4-22　クモヒトデ（*）. 更新世前期，掛川層群大日層.

プがあり，オルドビス紀に最大の 17 綱になり，それ以降減少する．古生代末にウミツボミ類が絶滅して減少するが，ウミユリとウニ，ヒトデなどが生き残り，中生代後期に復活した．

半索動物門（Hemichordata）：半索動物は棘皮動物や脊索動物と近縁なものと考えられ，現生種ではギボシムシ類（腸鰓類）とフサカツギ類（翼鰓類）がある．半索動物はオルドビス紀にフデイシ（筆石）類の放散があり，それ以後は顕著でない．フデイシの化石（図 4-23）は群生していることが多く，各個体は管または枝状の小容器のような形をしていて，線や文字のような形に見えることからその名前がつき，オルドビス紀の重要な示準化石となっている．フデイシ類は翼鰓類に近い生物と考えられ，その多くが海面の浮遊物にまきついたり，自由に漂っていたと考えられている．

図 4-23　フデイシ（グラブトライト）（＊）．*Dicellographus* sp. など，オルドビス紀，アメリカ，オクラホマ州．

8）生活型の進化

Sepkoski（1984）は，顕生累代の海生動物をカンブリア型動物群，古生代型動物群，現代型動物群の三つの動物群に分けて，それらの科の数の変化を示し（図 4-24），その多様性について解釈をした．

カンブリア型動物群は三葉虫に代表される群集で，カンブリア紀には陸棚域に広く分布していたが，オルドビス紀になると陸棚域に古生代型動物群である腕足類や軟体動物，サンゴなどが出現し分布を広げていった．そのため，カンブリア型動物群はオルドビス紀の終わりには陸棚斜面に追いやられ，腕足類に富む古生代型動物群が古生代を通じて繁栄した．しかし，古生代の間にも軟体動物がさらに発展して古生代型動物群の発展は妨げられ，古生代末にそのほとんどが衰退し，陸棚域は二枚貝類や腹足類などの軟体動物に富む現代型動物群が発展し，中生代以降さらにそれらは発展した．

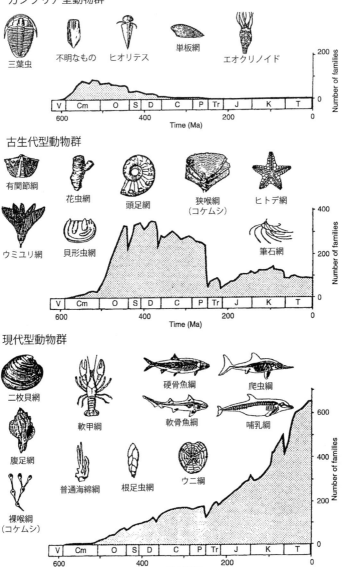

図 4-24　海生動物の 3 つの動物群の科の多様性の歴史（Benton and Harper, 1997）．横軸
　　　　は地質時代，Ma:100 万年前，頭文字は V: ベンド紀，Cm: カンブリア紀，O: オル
　　　　ドビス紀，S: シルル紀，D: デボン紀，C: 石炭紀，P: ペルム紀，Tr: 三畳紀，J: ジ
　　　　ュラ紀，K: 白亜紀，T: 第三紀．縦軸は科の数を示す．

4-3 脊椎動物の進化

脊椎動物はどのように生まれ，どのように発展してきたのか．そして，脊椎動物はどのようにして陸上で活動できるようになったのか．中生代に繁栄した恐竜はどのような動物で，どうして絶滅してしまったのだろうか．ここでは脊椎動物の進化の軌跡をたどる．

1）脊椎動物の起源

　カンブリア紀中期のバージェス頁岩層の化石の中にピカイアという脊椎動物の先祖にあたる脊索動物が含まれていた．カンブリア紀中期に起こった生物進化の初期の実験段階で，すでに脊椎動物の初期のモデルも生み出されていた．

　軟体動物や節足動物に代表される無脊椎動物では原腸胚の原口はそのまま口となるが，脊椎動物にむかう動物では原口が肛門となり，体の前端に新しく口が開く（図4-25）．前者のような原腸胚もつ動物を旧口動物といい，後者の原腸胚をもつ動物を新口動物という．

　多細胞動物の胚の発生がどのようにおこなわれるかは，ウニ（刺胞動物）の実験でよく知られている．刺胞動物のヒドラでは，腸の壁の感覚細胞と神経細胞がつながっていて，とくに口のまわりにはち巻状に神経細胞とその突起ニューロンがとり巻く．

　棘皮動物ははじめ触手で餌をとっていたが，ホヤ類では触手が消えて

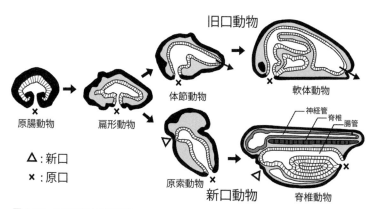

図4-25　旧口動物と新口動物.

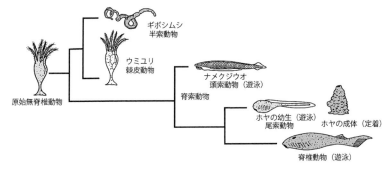

図 4-26　脊椎動物の起源（Putnam et al., 2008 を改変）.

腸腔に鰓孔（エラ穴）があき，口から水といっしょに吸い込んだ微生物を鰓孔でこしとって食べる．また，ホヤ類の幼生の体はおたまじゃくしの形で，鰓孔のあいた鰓腸に脊索と神経管からなる尾をもち遊泳することができる．これが進化してナメクジウオ型の脊索動物になったと考えられていた．

　しかし，ナメクジウオのゲノム解析の結果（Putnam et al., 2008）から，ホヤ類（尾索動物）よりナメクジウオ（頭索動物）の方がより先祖型であり，ナメクジウオが脊椎動物の祖先的な系統になることが示された（図 4-26）．すなわち，脊椎動物は，ナメクジウオのような脊索動物から進化し，やがて脳を入れる軟骨頭蓋と脊髄をささえる軟骨性の背骨をもつ先祖が出現したと考えられている．

　脊索とはヒモ状の器官であり，脊索動物ではその上に神経管があり，下に腸管がある．脊索動物のこの器官の配列は脊椎動物の配列と同じである．

2) 脊椎動物の分類

　脊椎動物は，腸管の前半部が膨らんで鰓孔があき，口から吸い込んだ水をその穴から出すときに，微生物をこして捕食すると同時に，鰓にある血管と水との間でガス交換がおこなわれる．

　デボン紀に海から河口をさかのぼって淡水に入った魚の一部に，補助呼吸器官として肺をもつ仲間が出現した．干上がった沼などの環境で鰓の一部が下方に膨らんだ袋に空気をのみ込んで，空気から直接酸素を呼

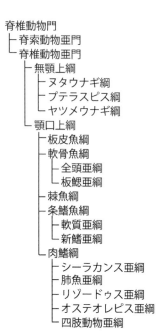

脊椎動物門
├ 脊索動物亜門
└ 脊椎動物亜門
　├ 無顎上綱
　│├ ヌタウナギ綱
　│├ プテラスピス綱
　│└ ヤツメウナギ綱
　└ 顎口上綱
　　├ 板皮魚綱
　　├ 軟骨魚綱
　　│├ 全頭亜綱
　　│└ 板鰓亜綱
　　├ 棘魚綱
　　├ 条鰭魚綱
　　│├ 軟質亜綱
　　│└ 新鰭亜綱
　　└ 肉鰭綱
　　　├ シーラカンス亜綱
　　　├ 肺魚亜綱
　　　├ リゾードゥス亜綱
　　　├ オステオレピス亜綱
　　　└ 四肢動物亜綱

図 4-27　脊椎動物門の分類.

吸できるようになった．硬骨魚類の鰾（ふきぶくろ）はその後の水中生活に適応した結果，水圧調整にもちいられるようになった．

　脊椎動物の心臓循環器系は，腸管から栄養と酸素を吸収して全身に運ぶ血管が分化し，鰓（えら）に血液を送るためのポンプとして心臓が形成された．

　魚の鼻の穴は餌の臭いを感じとるものでしかないが，両生類では口からではなく，鼻の穴から空気を吸い込むことができ，肺もさらに発達した．鼻の穴の奥（鼻腔）は爬虫類から哺乳類になるにつれ拡大し，鼻腔と口腔の境界に口蓋（こうがい）というしきりがつくられた．その結果，哺乳類では口で租借している間も息をすることができ，また鼻腔（びこう）に入った空気が温められて湿気があたえられるようになった．

　脊椎動物門（Vertebrata）の分類を図 4-27 に示す．私たちヒトも含めて陸上の四肢（し）動物亜綱は，顎口上綱（がくこうじょうこう）の肉鰭（にくき）綱に属する．

3) 最初の魚類

　魚類の先祖は，ナメクジウオへとさかのぼる．脊索は脊柱の原形で，進化するにしたがって脊椎骨などに置き換わった．最初の魚類の化石は，カンブリア紀中期のハイコウイクチスとされる．ハイコウイクチスはバージェス動物群と同様の中国の澄江動物群から発見されている．

　海中で自由に遊泳して生活をする動物に，一本の前後方向の軸が出現し，その背方に神経管が走り，腹方に血管が通った（図 4-25 の脊椎動物を参照）．神経管の前端が膨らみ，発達して脳となり，目や鼻などの感覚器官，口から肛門にいたる消化器官，鰭のような運動器官も発達して，脊椎動物の基本構造が備わった．

　最初の脊椎動物とされる無顎（むがくるい）類は，顎（あご）がなく，現在のヌタウナギやヤ

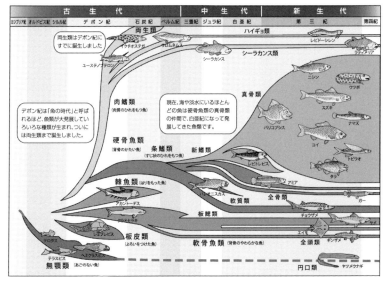

図 4-28　魚類の系統.

ツメウナギなどの円口類の先祖と考えられる．甲皮類は，顎がなかったが，皮甲という甲羅でおおわれ，カンブリア紀後期〜デボン紀後期まで繁栄した．図 4-28 に魚類の系統を示す．

　顎と歯をもつ最古の脊椎動物は多数の棘をもつ棘魚類で，シルル紀中期に海に出現し，デボン紀には淡水域で発展し，古生代末に絶滅した．棘魚類の顎骨は，鰓孔のまわりの網目状の軟骨が発達したもので，歯は顎骨の上にあった象牙質の結節が突起として発達したものである．

　つぎにあらわれたのは，頭部から肩部にかけての胴体が頑丈な骨板（皮甲）によっておおわれていたことから甲冑魚ともよばれる板皮類である．板皮類は顎に骨を備えた最初の脊椎動物で，骨の突起としての歯や胸鰭と腹鰭をもつ．板皮類の多くは海底に生息し，胸鰭と腹鰭をもつことにより遊泳性が高まった．板皮類は，シルル紀後期に出現し，デボン紀末に絶滅した．

4) 軟骨魚類

　軟骨魚類は骨格が軟骨だけからなり，いわゆるサメやエイの仲間にあたる板鰓類とギンザメなどの全頭類がある．板鰓類は，体の表面は鱗で

おおわれ，発達した顎と歯をもち，胸鰭と腹鰭の2対の対鰭をもつ．また，肺や鰾をもたない．歯と顎の後方に5〜7対の鰓孔があり，鰓蓋（えらぶた）をもたない．交接器を発達させて体内受精し，角質の卵や体内で卵や胎児を育てるという特徴がある．

　板鰓類は，古生代から中生代，新生代にかけ，それぞれの時代で適応放散をした．骨格が軟骨からなるため骨格が化石として保存されにくく，多数の硬い歯が化石として保存されやすい．そのため，その歯の形態から板鰓類をクラドダス段階（古生代型），ヒボダス段階（中生代型），現在段階（新生代型）に系統的に区分されている（図4-29）．クラドダス段階の板鰓類は，駿河湾などに生息する現在のラブカと類似し，ヒボードス段階の板鰓類はネコザメに類似する．

　中生代以降の現在段階の板鰓類は，顎が短く，口は腹側に開き，石灰化した脊椎が形成する特徴があり，ツノザメ類とエイ類が発展した．

　全頭類は，頭蓋と上顎が結合し，鰓蓋がある．

5）硬骨魚類

　硬骨魚類は，硬い骨をもち，肺や鰾をもち，肉鰭類（にくきるい）と条鰭類（じょうきるい）に分けられる．最古の硬骨魚類はシルル紀に出現した肉鰭類のグイユ（Zhu et al, 2009）で，デボン紀中期には条鰭類のケイロレピスもあらわれる．硬骨魚類の中で，条鰭類は現存の魚類の9割以上をしめる．

　条鰭類はスジだけからなる鰭をもつもので，軟質類と新鰭類（しんきるい）に分けられる．軟質類は体表が硬鱗（こうりん）（硬いウロコ）でおおわれ，内部骨格には軟骨が多く，古生代型の条鰭類で，淡水に栄えて海にも進出した．チョウザメとポリプテルスは軟質類の遺存種にあたる．

　新鰭類は，中生代型の全骨類（ぜんこつるい）と現代型の真骨類（しんこつるい）に分けられる．全骨類は，硬鱗でおおわれ，ペルム紀後期に出現して三畳紀に分化した．ガーパイクとアミアが全骨類の遺存種にあたる．

　真骨類（しんこつるい）は，内部骨格の骨化が進み，体表は骨だけからなる骨鱗でおおわれ，顎は短く前に突き出し，肺は鰾となり，尾の形は上下対称である．白亜紀以降に海域で繁栄し，現在の魚類の大部分をしめる．

　条鰭類は原始的な軟質類から新鰭類へと進化し，中生代後期以降にアミアやガーなどの全骨魚類やさらに進んで真骨魚類が出現し，新生代は「真骨魚の時代」ともいわれる．すなわち，現在私たちが魚とよんでいる

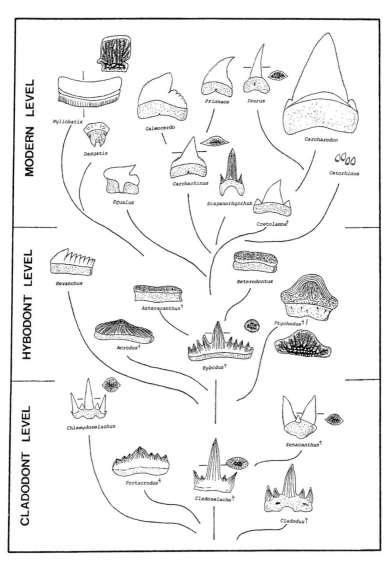

図 4-29　板鰓類の系統と歯の段階（後藤，1985）.

ユーステノプテロン　　　　　　　　イクチオステガ
（両生類）

図 4-30　ユーステノプテロンとイクチオステガ（両生類）.

もののほとんどは，新生代になって発展した硬骨魚類の真骨類にあたる.

　一方，肉鰭類は，厚い肉質の鰭をもち，鼻から口とのどをへて肺に通じる内鼻孔（ないびこう）をもち，総鰭類と肺魚類に分かれて進化した. 総鰭類は，硬鱗でおおわれ，総状（そうきるい）の対鰭には内部骨格をもつ. 代表的なものとして，デボン紀中期の総鰭類であるオステオレピスや現在の総鰭類の遺存種として知られるシーラカンスがある.

　肺魚類は，デボン紀前期に出現していて，肺を発達させ，内部骨格が軟骨化し，泥の中で呼吸する生活に適応した. 両生類の起源をめぐっては，分岐分析やゲノム解析により，総鰭類よりも肺魚類の方が両生類に近縁であるという説が有力である（Amemiya et al., 2013）. すなわち，陸上を歩く骨格より，陸上で呼吸できる肺機能の方が，陸上生活のためにより必要だったことになる. なお，両生類に近縁なものとして，デボン紀後期のユーステノプテロンがある（図 4-30）.

6）陸上植物の進化

　陸上植物が存在した証拠である苔類のものとよく似る胞子の化石がオルドビス紀の地層から発見されている. そのため，今から約 5 億年前になると大気の上空にオゾン層がつくられ，紫外線など生物に有害な宇宙線がさえぎられ，淡水の水底にいた緑藻類の一部が陸上に進出したと考えられている. なお，最古の維管束様（いかんそく）の陸上植物の化石はシルル紀の地層から発見されるクックソニアである.

　デボン紀には陸上植物が多様化し，つぎの石炭紀にはそれらの植物，とくにシダ植物とシダ種子類が繁茂して最初の森が形成された. 石炭紀の沼地にはカラミテス（トクサ類）やフウインボク（リンボク類），メ

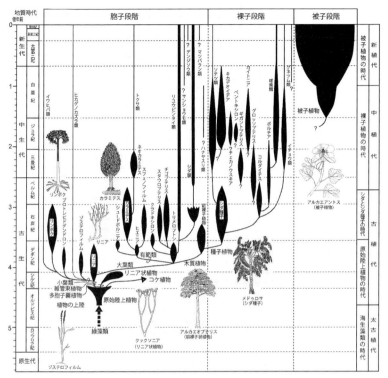

図 4-31　陸上植物の進化系統（塚越，2002）.

ドゥロサ（シダ種子類），プサロニウス（リュウビンタイ類）が繁り，林床にはトクサ類やシダ類が繁茂していた.

　デボン紀前期からシダ植物の胞子に異形化した異形胞子シダ植物の一部で大胞子が受精後も大胞子嚢の中にとどまり，たね（種子）が誕生した.　異形胞子はリンボク類とトクサ類でもみられるが，前裸子植物から進化したシダ種子類の実がたねを獲得した.　乾燥した時代や場所では，このような植物はたねで休眠して都合のよい時期に発芽することができ，有利に繁殖と散布ができるようになった.

　ペルム紀後期から三畳紀にかけては乾燥した気候になり，古生代のシダ種子類や裸子植物のコルダイテスがペルム紀ではほぼ絶滅し，多様な裸子植物が出現した.　ペルム紀後期から白亜紀前期は，ヤシやソテツなど裸子植物の時代である（図 4-31）.

ペルム紀前期には，それまでのほぼ同様の植物相だったものが，アンガラ（ウラル山地からシベリア），欧米，カタイシア（東アジア），ゴンドワナ（南半球の大陸）の四つの異なった植物相に分かれた．赤道帯と思われる部分に欧米植物群とカタイシア植物群があり，それらをはさんで北にアンガラ植物群，南にゴンドワナ植物群が分布した（図4-32）．ゴンドワナ植物群が分布する南の大陸（ゴンドワナ大陸）と北の大陸の間には，テチス海とよばれる現在の地中海と太平洋をつなぐ海があった．

　浅野（1975）によれば，ゴンドワナ植物群はその大部分がグロッソプテリス類でしめられていて単調な植物相であり，これに対してアンガラ植物群は単葉を示す植物はなく単調なものではないが，両植物群の植物は形態が類似し，区別しにくい植物が相当に存在したという．また，中央に存在した欧米植物群とカタイシア植物群は，きわめて多種多様な植物から構成されていて，現在の熱帯植物群に対応する．そして，欧米植物群とカタイシア植物群を比較すると，後者にはとくに単葉の植物が多い．このことから，カタイシア植物群がもっとも熱帯性植物群に近かったとしている．

　ペルム紀で消滅した裸子植物のコルダイテスから分かれたボルチアは，三畳紀からジュラ紀にかけて球果類に分化し，ジュラ紀にはナンヨウス

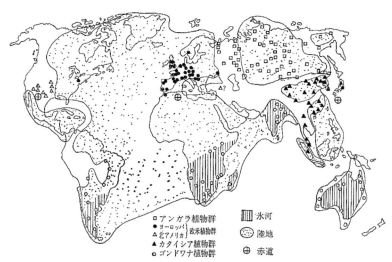

図 4-32　ペルム紀前期の植物群集と古地理（浅野，1975）.

ギ科，ヒノキ科，スギ科など現生のすべての球果類が出現した．ジュラ紀後期には，世界全体の気候は温暖で暑く湿潤で，表面海水の温度は南緯 75°でも 14℃あったと推定されている（Frakes, 1979）．この時代の植物相は，おもに球果植物，ソテツ類，シダ植物，シダ種子類，イチョウ類，ヒカゲカズラ植物，トクサ類などによって構成されている．

　被子植物は種子が子房に包まれて成長する花の咲く植物で，被子植物の確実な最古の証拠は白亜紀初期の約 1 億 3000 万年前の花粉化石であるとされている．被子植物は，白亜紀後期に主要なグループがでそろい，古第三紀には爆発的に多様化して多くの現生属が出現した．被子植物の発展は，中生代後半に出現して新生代に発展した哺乳類や鳥類の進化とも密接に関連している．被子植物の起源や分散ルートとして南極が考えられている（Dettmann, 1989）が，Burger（1990）は早期の被子植物の多くが古熱帯の東アジア地域からインドネシアを経由してオーストラリアに至ったとしている．

　白亜紀は，ジュラ紀の温暖で湿潤な気候と異なり，より温暖で乾燥した気候だった．白亜紀前期末（アルビアン期）から後期の中ごろ（サントニアン期）の間がもっとも高い気温で，北緯 45°〜南緯 75°の間で現在より 10〜15℃高かったと推定されている（Frakes, 1979）．

　被子植物のうち，もっとも新しく登場した大きなグループがイネ科草類で，約 3000 万年前の古第三紀後期から重要な存在になった．イネ科草類は，新しい代謝の方法を開発することにより，中新世後期から低い二酸化炭素濃度や熱帯の温暖乾燥気候に適応できた．中新世後期には，被子植物全体で現生種に形態が似ている種があらわれ，更新世前期にはそれまでの新生代の植物相を特徴づけてきた種類が消滅し，現在の植物相が形成された．とくにイネ科草類の発展は，地殻の隆起による台地や高原の形成にともない草原を形成し，草食哺乳類の進化と発展に密接に関連している．

7) 四肢動物の発展

　デボン紀は「魚類の時代」とよばれ，原始的な魚だけでなく，軟骨魚類や硬骨魚類も繁栄した．そして，その末期には四肢動物の両生類も出現した．

　両生類は，幼生期に鰓で呼吸して水中にすみ，成体になると陸上で肺

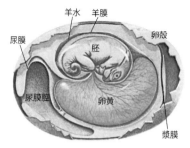

図 4-33　生命のカプセル有羊膜卵の構造.

（図中のラベル：羊水　羊膜　尿膜　胚　卵殻　尿膜腔　卵黄　漿膜）

呼吸する．そのため，両生類は陸上での呼吸，体重の支持，四肢による推進力の獲得，体表の乾燥防止，聴覚の獲得をした．初期の両生類は，デボン紀後期の地層から発見されたイクチオステガ（図4-30）といわれ，古生代の両生類としては迷路のように歯の接面をもつ迷歯類があり，カエルのような尾のない平滑両生類は中生代以降に進化した．

　陸上を四本の脚で歩く四肢をもつ動物（四肢動物）には，爬虫類，鳥類，哺乳類のような有羊膜卵をもつものと，両生類のようにもたないものがある．有羊膜卵は，胚が乾燥した陸上でも独立して成長できる機能をもった生命のカプセル状の卵である（図4-33）．そのために，有羊膜卵は炭酸カルシウムの硬い殻をもち，その中に胚を育てるための羊水を満たした羊膜をもち，胚の栄養を蓄積した卵黄と排出のための尿膜をもっている．

　有羊膜卵をもつ四肢動物（有羊膜卵類）は，陸上生活に適応しているために，腰骨の強化のために仙椎が二個以上あり，両生類が空気中で音を聞くためにもっていた耳裂溝の消失といった共通派生形質をもつ．

　最古の有羊膜卵類の化石は，石炭紀中期の地層から発見されている．また，最古の爬虫類としては，カナダの石炭紀後期の地層からカプトリヌス類のヒロノムスが発見されている．石炭紀後期に有羊膜卵類は哺乳類につながる単弓類と恐竜や鳥類などにつながる双弓類の二つの系統に分岐した．そして，ペルム紀から三畳紀にかけてさまざまな爬虫類が出現した．

8）爬虫類の繁栄

　爬虫類は，頭骨の眼窓のうしろにある穴（側頭窓）の数とその位置によって分類される．この側頭窓がないものを無弓類，側頭窓が一つのものを単弓類，側頭窓が二つあるものを双弓類とよぶ（図4-34）．双弓類のうち首長竜や魚竜など海生爬虫類のように側頭窓が高い位置にあるものを，以前は広弓類として双弓類と区別していたが，現在は双弓類に含

無弓類
原始爬虫類など

単弓類
哺乳類爬虫類など

双弓類
恐竜やトカゲなど

図 4-34　爬虫類の頭骨の特徴と分類.

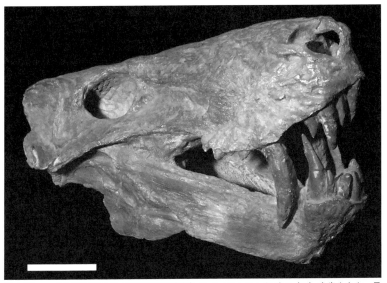

図 4-35　ペルム紀の獣弓目（哺乳類型爬虫類）のイノストランケビア（＊）犬歯をもち，目のうしろにひとつ側頭窓がある．スケールは 10cm.

めている．

　無弓類には，原始的な爬虫類が含まれ，石炭紀後期には無弓類のカプトリヌス目から単弓類と双弓類が分化したとされる．

　単弓類は，原始的な盤竜目からペルム紀になって獣弓目（じゅうきゅうもく）があらわれ，古生代末期〜三畳紀前期に世界中に広く分布して繁栄した．この獣弓目の頭骨は，哺乳類に似ていて，犬歯をもつなど歯形の分化も進み，哺乳類型爬虫類（Mammal-like reptiles）とよばれる（図 4-35）．そして，その中から三畳紀末には哺乳類が生まれた．しかし，哺乳類型爬虫類は，恐竜が誕生し発展した三畳紀後期には急激に衰退した．

　図 4-36 におもに中生代の爬虫類など有羊膜卵類の系統を示す．私た

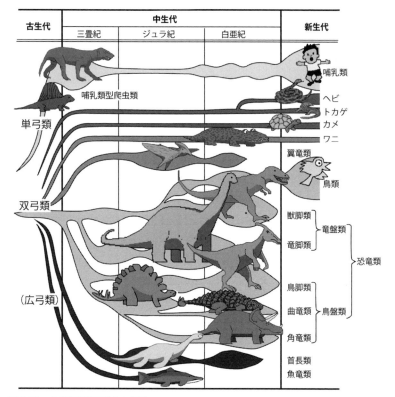

図 4-36　有羊膜卵類の進化と放散.

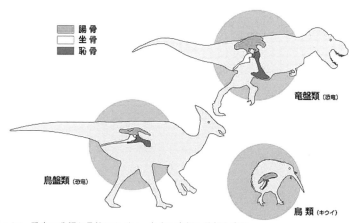

図 4-37　恐竜の分類と骨盤のちがい．参考に鳥類の骨盤も表示．

ち哺乳類は，側頭窓が一つの単弓類に祖先をもつため，双弓類に属する恐竜やトカゲから進化したものではない．したがって，哺乳類は双弓類から進化して新生代に繁栄している鳥類とは同じく恒温性であるが，その体の構造やとくに循環器系の機能が異なっている．すなわち，爬虫類は，古生代後期に現在の爬虫類・鳥類と哺乳類につながる二つの大きな系統に分岐した．

　双弓類は，トカゲ，ヘビ，ムカシトカゲにつながる鱗竜形類（りんりゅう）と，ワニ，翼竜，恐竜，鳥類につながる主竜形類（しゅりゅう）の系統がある．中生代に繁栄した恐竜は，もともと二足歩行をした爬虫類（主竜形類）で，足を胴体の真下にのばす下方型で，それは大型化と歩行効率を増加させた．恐竜とよばれるものは，分類上，竜盤類（りゅうばんるい）と鳥盤類（ちょうばんるい）からなり，前者は骨盤の恥骨（ちこつ）が前方に突出して坐骨（ざこつ）と鋭角をなし，後者は恥骨が後方にのびて坐骨と平行な骨盤をもつ（図4-37）．

　最古の恐竜は，三畳紀後期の地層から発見されたエオラプトルとされ，竜盤類の原始的な竜脚形類に属するとされている．竜盤類と鳥盤類は，槽歯類（そうしるい）の異なるグループから進化して発展したといわれているが，最近では恐竜それじたいが単系統という説もある．図4-38に鳥類もふくんだ恐竜類の系統樹を示す．

　翼竜は，恐竜ではないが，恐竜に近縁のもので，三畳紀後期に出現し，前肢の第四指が長くのびてそこに翼をはっている．

9）恐竜の謎

　恐竜は子どもさんだけでなく博物館を訪れる多くの人たちに人気がある．そして，その生態や進化については，図書やテレビ番組などのメディアでさまざまな解釈や仮説が流布している．そのため，実際に博物館を訪れる人たちも，恐竜の全身骨格を前にして恐竜の生きた姿や生態について，おそらくいろいろと想像をめぐらしていると思われる．

　たとえば，肉食恐竜のタルボサウルス（図4-39）の前では，なぜ恐竜はこんなにも巨大なのか？　どんな声でないたのだろう？　恐竜はなぜ繁栄したのか？　恐竜の（皮膚の）色や模様は？　恐竜は子育てをしたのか？　恐竜はなぜ絶滅したのか？　など，さまざまな疑問と空想が浮かんでいるのではないだろうか．

　恐竜の生態についての解釈や仮説の中には，恐竜が大好きなあまりに

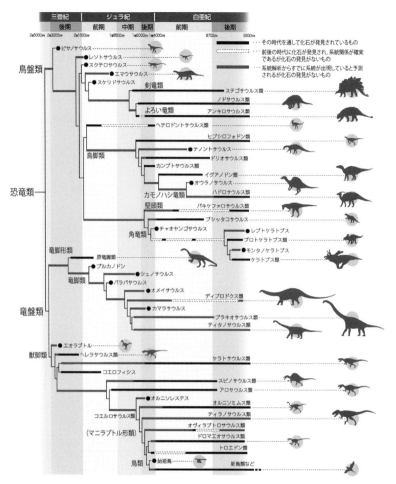

図 4-38 恐竜の系統樹. Sereno (1999) による系統解析にもとづく分岐仮説図にあてはめたもの (真鍋, 2001).

擬人化し，つまり私たち哺乳類が現在の環境で生活していると同じような生活をもとに想像をめぐらすことがある．しかし，恐竜はあくまでも爬虫類であり，また恐竜は中生代に生きた生物であり，私たちはそれとは異なり現在に生きている哺乳類であることを注意すべきである．

　恐竜はなぜ絶滅したのかについては，つぎの項で議論することにして，ここでは恐竜に関する上にあげたいくつかの疑問や謎ついて，私の意見

図 4-39　タルボサウルスとプロバクトロサウルス（＊）.

を簡単にのべる.

　恐竜は鳴いたのだろうか. テレビや映画に登場するタルボサウルスの
ような肉食恐竜は「ガォー！」とよく鳴いている. しかし, 現在の爬虫
類は鳴いているだろうか. 鳴くためには, 鳴くための機能とそれを聞き
分けることのできる機能が体に備わっていなければならない. 現在のト
カゲやカメは皮膚の下に鼓膜が残っていて, 周囲の音を聞くことができ
る. また, 音を聞き分ける意味, すなわち家族や仲間とのコミュニケー
ションをとる能力があれば, それは必要となる. 恐竜は鳴いたかという
問題について, そのような面からの考察や議論が必要ではないかと思わ
れる.

　恐竜はなぜ繁栄したのか. 恐竜とは二足歩行する陸生動物ということ
をのべたが, 二足歩行することにより前肢にあたる手が活用できるよう
になり, それまでの匍匐するように移動する爬虫類に対して生態的に優
位だったと考えられる. 爬虫類の多くが体の大きさが年齢とともに増大
することから, 体の巨大化によりより生態系の上位を占めて, 繁栄した
と考えられる.

また，恐竜の栄えたジュラ紀と白亜紀は温暖な時代で，変温動物の恐竜にとって巨大化することによって，体積に対する表面積の割合が小さくなり体温の恒温性が保たれたと考えられる．また，恐竜が巨大化できたのは，もともと二足歩行のために腰骨の部分が強固な仕組みになっていたためであると考えられる．

　恐竜の（皮膚の）色や模様はどのようなものだったのだろうか．恐竜図鑑には恐竜にさまざまな色や模様が塗られている．恐竜の皮膚の化石は，東海大学自然史博物館にもゴビから発見されたサウロロフスの皮膚の化石が展示されているが，これまでそれほど多く発見されているわけではない．最近では化石から皮膚の色を復元できたという例があるが，皮膚の化石は変質していることから色素の復元には疑問ももたれている．

　恐竜に関する研究は，1980年代後半からそれまでとは飛躍的に発展した．恐竜学者でもありイラストレーターのバッカーが『恐竜異説』を発表し（バッカー，1989），恐竜の生態に関するそれまでにないさまざまな異説を唱えた．また，1993年には映画「ジュラシック・パーク」が公開され，恐竜ブームが到来した．そのころから，恐竜図鑑の恐竜の体色が，それまでの哺乳類の体色をまねて灰色や緑色の単色で表現されていたものが，カラフルに彩色された恐竜になった．

　哺乳類は恐竜が繁栄していた中生代の間，夜間または地中で生活していた．そのため，哺乳類はカラーでものを見ることができなくなってしまった．そのため，現在になっても多くの哺乳類は白黒，いわゆるグレースケールでものを見ていて，色が認識できないために体色がカラフルである必要がない．しかし，そのような歴史をもたない爬虫類やその仲間から進化した鳥類には，カラフルな体色をもつものが多く，その体色にはそれぞれに生態的に意味があると考えられている．したがって，爬虫類である恐竜は体色がカラフルであった可能性が高く，恐竜の色についてそれじたいはわからないが，描く人の考え方や感性でいろいろと彩色が試みられている．

　恐竜は恒温動物だったかということについて，私は獣脚類のマニラプトル類（Maniraptora：手泥棒）以外のすべての恐竜は変温動物だったと考えている．すなわち，恐竜の多くは現在の爬虫類と同じ変温動物だった．中生代は，南極にはまだ氷床がなく，ほぼ地球全体が温暖だった時代で，そのような温暖な環境では変温動物は体温を保つことが容易で

多くの餌をとる必要がなく，恒温動物にくらべてきわめて省エネルギーな生活をすることができ，有利だったと思われる．

　恐竜が子育てをしたり，群れをつくり集団で生活しただろうか．現在の爬虫類は子育てや社会的な群れをつくっていない．ヘビやワニは産んだ卵の近くにはいるが，積極的に孵化をうながしたり子育てはしない．

　恒温動物は，体温を一定に保つことで生理機能をより安定におこなうことができる．とくに脳の活動については，記憶など大脳皮質の機能を十分に活用するためには恒温性が必要と考えられる．私は，変温動物は体温が変動するため，大脳の機能を管理することが十分にできず，仲間や家族を認識したり，他の仲間や家族とのコミュニケーションがあまり得意ではないと考えている．そのため，恒温動物でなかった恐竜が群れをつくり子育てすること，また鳴いて他と密接にコミュニケーションをとることなどができなかったと思われる．

　ただし，恐竜の中にも恒温のものがいた．それはマニラプトル類の恐竜である．モンゴルで発見されたオヴィラプトルの骨格化石は，卵を産みつけた巣の上をおおうように横たわっていた．これは，自分の生んだ卵を現在の鳥類と同じように温めている行動と考えられている．

　最近では，恐竜は絶滅せずに鳥に進化したとまでいわれている．たしかに，鳥類は恐竜の仲間から進化したものと思われ，恐竜の末裔とも考えられる．鳥類にもっとも近い恐竜と考えられているのは，マニラプトル類の仲間で，それは長い腕と3本指の手と半月状手首の骨によって特徴づけられ，恐竜では唯一鳥類と共通する硬骨化した胸骨をもつ．また，マニラプトル類では羽毛をもっているものもあり，恒温性と考えられている．図4-38で示した恐竜の系統樹では，ジュラ紀中期～後期にマニラプトル類の進化があり，それにつづいて始祖鳥や現在の鳥類につながる系統が進化している．

　図4-40に恐竜（マニラプトル類のデイノニクス）と始祖鳥，鳥類の骨格のちがいについて示した．始祖鳥は羽毛と翼はあるものの，骨格のつくりは小型の獣脚類の恐竜に似ていて，現在の鳥類とくらべると大きなちがいがある．鳥類は，尾が短く，指が短い．また，胸の骨が大きくなり，はばたくときの筋肉がしっかりとつくようになっている．始祖鳥の飛翔能力は十分でなかったと考えられるが，中国の白亜紀初期の地層から発見された古鳥類の化石から，白亜紀初期には鳥類は飛翔能力を完

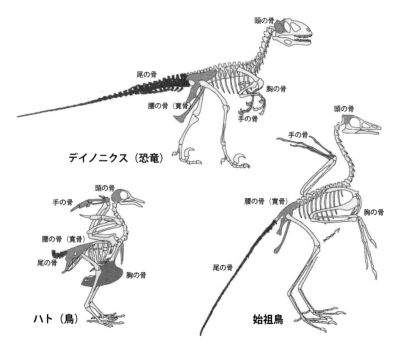

図 4-40　恐竜と始祖鳥，鳥の骨格のちがい．恐竜は鳥にくらべて，尾が長く，手の指数も多いが，胸の骨は貧弱である．

成させていたと考えられる．中生代の鳥類は歯をもっていたが，新生代に入ると角質の嘴（くちばし）が発達し，現在の鳥類に発展した．

10) 恐竜の絶滅

　恐竜を含め中生代に繁栄した爬虫類のほとんどが白亜紀末に絶滅した．しかし，生物の絶滅と繁栄の歴史をみると，顕生累代だけでも多くの絶滅の事件が認められている．図 4-41 は顕生累代の海生生物と陸生生物の科の数から生物多様性の歴史とそれらの発展と絶滅を示したものである．

　絶滅事件の①は顕生累代直前のエディアカラ生物群の絶滅である．⑥は顕生累代最大の生物の絶滅事件とされるペルム紀と三畳紀境界（P/Tr 境界）であり，この境界では陸上の植物や動物も含めて古生代型の主要な生物がほとんど絶滅し，それ以後中生代型または現代型の生物が

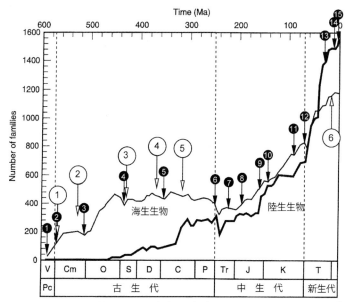

図 4-41　顕生累代の生物多様性の発展と絶滅の歴史（Benton and Harper, 1997 の一部を改変）. 横軸は地質時代, Ma:100 万年前, 頭文字は V: ベンド紀, Cm: カンブリア紀, O: オルドビス紀, S: シルル紀, D: デボン紀, C: 石炭紀, P: ペルム紀, Tr: 三畳紀, J: ジュラ紀, K: 白亜紀, T: 第三紀. 縦軸は科の数を示す. 白丸に黒数字は生物の主要な発展事件（①捕食生物の出現, ②生物礁の出現, ③陸生化, ④森林の出現, ⑤飛行する動物の出現, ⑥意識をもつ動物の出現）で, 黒丸に白数字は絶滅事件を示す.

繁栄した. ちなみに, 顕生累代の五大絶滅事件といわれるものは, オルドビス紀末④とデボン紀後期⑤, ペルム紀末⑥, 三畳紀後期⑦, そして白亜紀末⑫の時期のものである.

　五大絶滅事件の最後の⑫は, 恐竜が絶滅した白亜紀と古第三紀との境界（K/Pg 境界：以前は K/T 境界とされていたが第三紀 Tertiary が廃止されたために古第三紀 Paleogene の Pg が使われる）である. この境界で絶滅したおもな動物は, 恐竜と翼竜, 首長竜, モサザウルス, アンモナイト, ルディストや三角貝, イノセラムスなど二枚貝と多くの白亜紀型の有孔虫がある.

　恐竜の絶滅については, 最近では隕石衝突による説が一般的である. しかし, 隕石衝突説について私は以下のように考えている.

　隕石の地球への衝突は 1 日のそれも瞬間に起こった出来事である. そのような地質学的に瞬間の出来事と, 恐竜の絶滅という爬虫類の一つの

系統の生存帯の生層序層準の境界については，時間の長さという点で，まったく別の階層に属する問題であり，それらを同じ階層として議論ができないと私は思っている．すなわち，白亜系と古第三系の地層境界はシーケンス境界でもあり，それらの地層の間には時間間隙が存在する．すなわち，科学の階層性を考慮すれば，恐竜の絶滅した瞬間を地層からは決定できないと思われる．

　隕石衝突の根拠は，白亜紀と古第三紀との境界付近のチョーク層の層準に，厚さ 1 cm の黒色層があり，それにイリジウムが濃縮していることから，白亜紀末に隕石が地球に衝突して恐竜を含む生物の多くが絶滅したとされた（Alvarez et al., 1980）．隕石衝突説は，当時の米ソ対立による「核の冬（核戦争による人類絶滅）」と重なり，メディアに受け入れられ一般に広く普及した．

　古生物学者の多くは，それまでの膨大な古生物の系統進化に関するデータから，白亜紀末の生物の絶滅は急激なものではなく，漸次的に変化していることを認めていたことから，隕石衝突説に対して最初は否定的だった．しかし，隕石衝突による津波堆積物や衝撃で形成されるガラス球（スフェール）や衝撃石英，衝撃クレーターなどの発見などが相次ぎ，隕石衝突も恐竜絶滅の一因と考えるようになった．

　しかし，Keller（1996）は，浮遊性有孔虫の時代的および地域的な分布を検討し，K/Pg 境界に生物相の明確な変換はなく，白亜紀末期～古第三紀初期にかけて気候の寒冷化や海水準変動，海洋の無酸素と火山活動の結果としての長期間の環境変化があり，その上に短期間の激変事変があったとした．そして，これらの環境変化による生物への影響は低緯度の熱帯相では厳しく，高緯度では大量絶滅はなかったとして，隕石衝突は地球規模の生物への影響を過大に評価しているとした．

　別の面からみると，隕石衝突は生物にとっては外因である．古生物学者は，あくまで古生物学的に生物進化ということを軸に物事を考えるべきであると私は考える．すなわち，それはキュヴィエのように激変説に立つか，ラマルクのように進化論に立つかという問題と同様と思われる．そして，古生物学者はみずからが研究している古生物じたいから，生物の進化や分布の歴史を考えるべきであると考える．

　隕石衝突でなければ，なぜ恐竜は絶滅したのであろうか．どんな生物群でも誕生と消滅がある．白亜紀の終了とともに，中生代に繁栄した恐

竜やアンモナイトだけでなく，古生代から生きのびてきた多くの生物群が絶滅している．しかし，一方で絶滅しなかった生物も存在する．

　ジュラ紀以降には，脊椎動物では新生代の主役となる恒温性で子育てをする哺乳類と鳥類が誕生し，海域では石灰質や珪質の殻をもつプランクトンが誕生し，硬骨魚類の真骨魚が繁栄し始める．白亜紀後期には草本類を含む被子植物も誕生し繁栄を始める．白亜紀にはすでに，生物も地球の環境も新生代へむけての準備が整ってきていた．

　ジュラ紀から白亜紀にかけての時代は，世界の陸上や海底では洪水玄武岩とよばれる大規模な火山（巨大火成岩岩石区：LIPs）の活動が活発に起こり，大量の二酸化炭素がマントルから供給され，大規模な海水準上昇も同時に起こった．また，白亜紀後期以降には新生代に継続する，いわゆるアルプス造山運動や環太平洋火成活動という地殻変動が始まり，新生代にかけて台地の隆起が起こり，被子植物の急速な発展があった．

　なお，白亜紀の地層には貧酸素の環境下で形成される黒色の有機質頁岩の薄い地層が発見されることがある．これは，熱帯や亜熱帯の貧栄養海域で発生する赤潮に類似し，Schlanger and Jenkins（1976）によって白亜紀の海洋無酸素事件（OAE：Ocean Anoxic Event）とよばれた．ジュラ紀と白亜紀はとても暖かかった時代とされ，その温暖環境は大気の二酸化炭素濃度の上昇が原因とされる．

　恐竜はそれまで約1億7000万年間繁栄してきた古い形質をもつ動物群で，白亜紀末期にはこれまでとは相当にちがう新しい環境へ適応しなければならなかった．哺乳類と鳥類は恒温動物で，ほとんどの恐竜ができない子育てや他の仲間とのコミュニケーション，そして循環器系の卓越した機能をもっている．

　Landis et al.（1996）は，中生代の生物は酸素と二酸化炭素が増加する環境条件のもと発展し，それらのガス圧の増加は生物にとって強い選択圧になったにちがいないとのべている．そしてその例として，K/Pg境界の150万年前には大気の酸素量は35％から31％に低下したときに，北アメリカの恐竜の種類が減少したことをあげた．星野（1991）は，大気中の二酸化炭素の増大により，心臓の隔壁が不完全で動脈血と静脈血の混合がある循環器機能の低い爬虫類，とくに大型爬虫類である恐竜には負担が大きく，恐竜は白亜紀末期には衰退していき，その後の新生代からは循環器機能の高い哺乳類と鳥類が繁栄したとのべた．

おそらく，中生代に栄えた動物と新生代に栄える動物の体機能や生態のちがいが，地殻変動の変化とともに地形が変化し，それまで地球全体が熱帯であった気候から両極地域に温帯が形成されるようなゆっくりとした気候の寒冷化，そしてそれにともなう被子植物の発展などという地球環境の変化が，両者の動物群の絶滅と繁栄に大きく影響をあたえたのではないだろうか．

　そのため，新生代の新しい環境変化にも適応できる哺乳類と鳥類の台頭によって，恐竜は白亜紀末期にその生態系の頂点の座をうけわたし急激に絶滅にむかったと考えられる．

11) ギュヨーと白亜紀中期の海水準

　北西太平洋の海底には，ギュヨー（Guyot）とよばれる平坦な頂上をもつ平頂海山が多数ある（Hess, 1946）．ギュヨーは，5,000〜6,000 m の大洋底から立ち上がって，水深 1,000〜4,000 m の間にその平坦な山頂をもち，ハワイの南西にある中央太平洋海山群だけでも約 300 ある．

　中央太平洋海山群の三つのギュヨーの頂上から，Hamilton（1956）によって白亜紀中期の化石を含む多量の石灰岩が記載されて，ギュヨーは今から約 1 億年前のサンゴ礁が形成された後に起こった急激な大洋底の沈降によって沈水し，現在までにさまざまな水深に沈んでしまったと考えられた．

　私は，日本海溝の南端にある第一鹿島海山と伊豆－小笠原海溝の南端の東側にある矢部海山の山頂から白亜紀中期のサンゴ礁の化石を記載して，ギュヨーの形成と沈水について研究した．第一鹿島海山の山頂の水深は約 3,600 m で 4,000 m に平坦面がある．採集された石灰岩の研究から山頂部には堡礁が形成されていて，その時代は白亜紀中期のアルビアン期と考えられる（Shiba, 1988；Shiba, 1993）．第一鹿島海山の白亜紀中期のサンゴ礁の化石には，造礁性サンゴ類や層孔虫類，オルビトリナなど大型有孔虫，ネリネアなどサンゴ礁の腹足類，ルディストとよばれる固着性で礁を形成する群生の厚歯二枚貝類があり（図 4-42），これらは白亜紀中期のテチス海のサンゴ礁の特徴的な生物である．

　そのうち，ルディストでは *Praecaprotina kashimae*（図 4-42 の 6）という新種を発見した（Masse and Shiba, 2010）．この新種が含まれる *Praecaprotina* 属のルディストは，これまで北海道や本州，四国などの

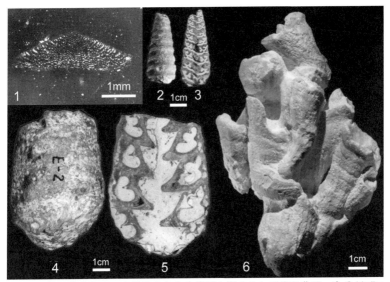

図 4-42　第一鹿島海山から採集された白亜紀中期のサンゴ礁の化石. 1) *Orbitolina* (*Mesorbulina*) *texana*, 2-3) *Neoptyxis prefleuriaui*, 4-5) *Diozoptyxis coquandi*, 6) *Praecaprotina kashimae*. 3) と 5) は腹足類の断面. 6) は固着群生の厚歯二枚貝.

日本列島だけから報告されていて，日本だけに分布する属であることがわかった.

　プレートテクトニクス説によると，白亜紀中期には第一鹿島海山は南半球の南緯 30°付近にあり，太平洋プレートの移動によって現在日本海溝まで到達したとされている（Winterer, 1991）．しかし，南緯 30°付近にあったサンゴ礁の化石が，日本列島を特徴づける種類を含んでいるということはどういうことであろうか．第一鹿島海山の化石から考えられることは，この海山は南緯 30°付近から移動してきたのではなく，もともと現在の位置である日本列島の近くにあったということではないだろうか.

　矢部海山は，小笠原海台の上の一つのギュヨーで，水深 1,000 m にある山頂は平坦で，その山頂の長さが 100 km，幅が 20 km という巨大な平頂海山である．私は，この海山に日本の古生物学の先駆者でもあり，東北大学理学部に地質古生物学教室をひらいた矢部長克教授の名前を記念して，矢部海山と名づけた（柴, 1978）.

　矢部海山の山頂から採集された岩石は，マンガン殻でおおわれたリン

図 4-43　矢部海山から採集されたマンガンで被覆されたリン酸塩岩にふくまれる白亜紀
　　　　 中期のサンゴ礁の腹足類化石 *Neoptyxis pauxilla*.

酸塩岩であったが，そのリン酸塩岩はもともと石灰岩だったもので，そ
れにはネリネアなど白亜紀中期のサンゴ礁の腹足類の貝化石（図 4-43）
とともに，白亜紀後期と始新世の浮遊性有孔虫化石が含まれていた．こ
れら時代の異なる化石は，もともと上下の地層として重なっていたもの
が，ある時期に削剥をうけて混在したと考えられ，それがのちにリン酸
塩岩化し，マンガン殻でおおわれたと結論づけた（柴，1978）．

　矢部海山の音波探査の記録をみると，白亜紀のサンゴ礁の厚さが 1,000
m にもおよんでいる．中央太平洋海山群のギュヨーでも同じような厚
さをもつものもある（Heezen et al., 1973）．サンゴ礁の石灰岩の厚さは，
海水準の上昇量を示すもので，私は白亜紀中期の海水準の上昇は約 1,000
m におよび，その間に世界の各地で同じようなサンゴ礁がたくさん発
達したと考えている．図 4-44 に白亜紀中期の古地理とサンゴ礁の分布
を示すが，この時代と白亜紀後期にかけては大きな海進の時代とされて
いる．そして，白亜紀後期に起こった急激な海水準の上昇によって，そ
れらの孤立していたサンゴ礁は沈水して，それより上方にはサンゴ礁を
成長させることができなかったと思われる．

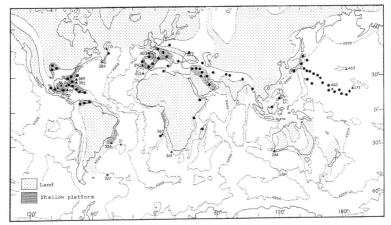

図 4-44　白亜紀中期の古地理とサンゴ礁の分布（Shiba, 1988）. 古地理図は Matsumoto （1977）を用い，黒丸の点は白亜紀中期のサンゴ礁の位置で，点についた番号は深海掘削の地点番号を示す.

　ギュヨーがより深く沈水したのは，それがギュヨーだけでなく世界各地でも共通した現象であることから，私は大洋底の沈降とは考えず，白亜紀後期以降の海水準上昇によるものと考えている. 白亜紀中期のギュヨーのサンゴ礁を形成し，それを沈水させた海水準上昇は，白亜紀の巨大火成岩岩石区とよばれる海底や大陸で白亜紀中期から後期に大規模に活動した洪水玄武岩（南米パラーニャ洪水玄武岩，太平洋のオントジャワ海台やマニヒキ海台，ナウル海盆，シャツキー海膨，ヘス海膨，大西洋のカリビアン海台，インド洋のゲルゲレン海台，インドのデカン高原など）の火山活動により，海底が隆起または埋積されたためと思われる.

　それぞれのギュヨーの山頂の深さが現在まちまちなのは，白亜紀後期以降の大洋底とギュヨーをのせる海台の隆起が場所によってそれぞれ異なっているからである. 第一鹿島海山のような海溝底のギュヨーの山頂が深いのは，星野（1991）がすでに指摘しているように海溝底が白亜紀後期以降にほとんど隆起しなかったためであると考える.

12) カメの種類とその進化

　カメの体の特徴は，外敵から身を守るための硬い甲羅をもつことで，その甲羅は体の内部にある背骨や肋骨と完全に癒合して一体化している. カメは甲羅があるために胴体を動かす背筋や腹筋などがなく，甲羅の内

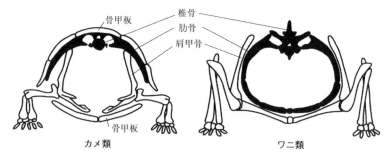

図 4-45　カメとワニの肋骨と肩甲骨の位置（疋田，2002）.

部には手足や首，尾を動かすための筋肉だけしかない．カメは胴体を動かすことがまったくできず，腕を動かす肩甲骨が他の動物とちがって肋骨の下側にあるという奇妙な構造をつくり出している（図 4-45）.

　カメは，頭骨の目の後ろにある孔（側頭窓）がないことから無弓類に属するとされていたが，最近では DNA からの系統関係や石灰質の卵を生むこと，胴体の可動性が少ないこと，三畳紀後半からカメ類が出現したことなどから双弓類に含まれると考えられ，さらに恐竜やワニと同じ主竜類の仲間とも考えられている.

　現在生きているカメの種類はおよそ 300 種といわれ，それらは首を甲羅の中に引っ込めることができない曲頚類と，首を引っ込められる潜頚類に大きく分けられる．種数はそれほど多くはないが，カメはさまざまな環境に適応している.

　最古のカメは三畳紀中期の地層から発見され，三畳紀後期の地層からは多くが発見されている．三畳紀のカメは，甲羅は現在のカメと変わらないが，歯が一部に残っている曲頚類だった．ジュラ紀になると歯がなくなり，白亜紀になると潜頚類があらわれた（図 4-46）.

　曲頚類は，アフリカや南アメリカ，オーストラリアなどの南半球にだけに現在分布する．曲頚類には，アフリカ，マダガスカル，南アメリカに分布するヨコクビガメのグループと，オーストラリア，ニューギニア，南アメリカに分布するヘビクビガメのグループがある．曲頚類は潜頚類より古いタイプのカメで，中生代には全世界に広く分布していたが，潜頚類に駆逐されて現在では南半球の大陸や島々に融離分布としてわずかな種類が生き残っているだけである.

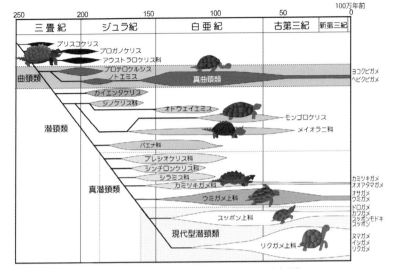

図 4-46　カメの種類と系統（Hirayama et al., 2000 にイラストを加筆）

　最古のウミガメの化石は白亜紀中期の地層から発見され，白亜紀後期の世界各地の地層からウミガメの化石が発見されている．ウミガメは陸上でくらしていたカメが白亜紀になって海に進出したもので，海を泳ぐために甲羅も含めて体が軽くなっている．また，ウミガメは涙を流すことによって体の塩分濃度を調整するため，涙腺が眼球より大きくなっている（平山，2007）.

　始新世前期には，陸生のカメの仲間が北半球でヌマガメ，イシガメ，リクガメの三つのグループに分かれて発展し，アジアから北アメリカ，ヨーロッパ，そしてアフリカ大陸に分布を広げた．そして，漸新世前期までには南アメリカにも分布を広げた．ガラパゴス諸島やインド洋の島々など孤島にいるリクガメは，このときに分布を広げたリクガメの子孫たちで，その後そこが孤島になって他の動物の侵入がなく現在まで生き残ることができた遺存種である．

モンゴルの恐竜

　私が勤める東海大学自然史博物館では，恐竜の全身骨格化石（レプリカ）を展示している．この博物館開館のきっかけは，東海大学が関係して開催された「ソビエト科学アカデミー大恐竜展」が静岡市清水区三保の特設展示施設で開催され，そのときに作成されたレプリカ（複製標本）を中心に自然史博物館が開館した．このソビエト科学アカデミーの恐竜化石標本はモンゴルのゴビ砂漠から発見されたものだった．

　私は，1989年からこれまでに8度にわたりモンゴルを訪れ，ゴビの恐竜化石のいくつかの産出地を調査した．ここでは，モンゴルのゴビの地質と恐竜化石について紹介する．ゴビから最初に恐竜化石を発見したのは，1922年にアメリカ自然史博物館の化石調査隊である．その隊長は，のちにアメリカ自然史博物館の館長になったロイ・チャップマン・アンドリュースで，アンドリュースは映画「インディ・ジョーンズ」のモデルでもある．

　アンドリュース率いるアメリカ隊の最初の目的は，旧石器時代の人類化石を発見することだったが，人類化石を発見できずに，ゴビでプロトケラトプスや卵の化石などの恐竜化石を発見した．その後，第二次世界大戦後にロジェストビンスキー率いるソビエト科学アカデミーの調査隊が，タルボサウルスやサウロロフスなどの化石を発見し，日本で開催された「ソビエト科学アカデミー大恐竜展」で骨格化石が展示され，そのレプリカが東海大学自然史博物館に現在展示されている．

　モンゴルは海抜約1,000 mのモンゴル高原にある国で，その北部にはヘンテイ山地とハンガイ山地が，西部にアルタイ山地があり，南部に草のまばらな荒地であるゴビがある．ゴビは広い平原盆地と低い山地や台地からなり，その南部に砂漠が広がる．

　ゴビの平原盆地には，おもにジュラ紀と白亜紀の陸成層が堆積している．ジュラ系は，下位から炭層をはさむ砂岩層や礫岩層からなるハマロホボロ層，大きな礫からなる礫岩層のシェリル層，玄武岩溶岩と白色凝灰岩層からなるツァガンツァフ層からなる．白亜系は，緑色粘土岩層からなるシノホト層，礫岩層や砂岩層，粘土岩層からなるフフテック層，砂礫層や砂岩層からなるバルンバヤン層，砂岩層からなるバインシレ層，バヤンザク層，バルンゴヨット層，ネメグト層が重なる（図1）．

　これらの地層は，一般に東部ほど古い地層が分布し，南西部ほど新しい地層が分布する．バインシレ層以上の白亜紀後期の地層は，乾燥気候に支配された赤い砂岩層などからなり，それらはおもに陸上の扇状地や河川の堆積物で一部に砂漠の堆積物を含んでいる．これら白亜紀後期の地層には，陸上で

	地質時代		地層名	層厚（m）	岩相	岩相と発見される化石
6600万年前	白亜紀	後期	ネメグト層	50～100		砂岩 **タルボサウルス**、**サウロロフス**、デイノケルス、サウロルニトイデス、**ガリミムス**、テリジノサウルス
	白亜紀	後期	バルンゴヨット層	50～150		砂岩 ブレビセラトプス、バガケラトプス、哺乳類
	白亜紀	後期	バヤンザク層（ドジョフタ層）			砂岩 **プロトケラトプス**、**ヴェロキラプトル**、**オヴィラプトル**、たまごの化石、小型哺乳類
	白亜紀	後期	バインシレ層	150～350		砂岩、礫岩 セグノサウルス、ドロメオサウルス類、アンキロサウルス類
1億5万年前	白亜紀	前期	バルンバヤン層（サインシャンド層）	150～200		砂岩、礫岩、粘土岩 竜脚類の恐竜の骨の破片、たまごの化石、カメ
	白亜紀	前期	フフテック層	400～1000		砂岩、礫岩、粘土岩、石灰岩 珪化木、恐竜の骨の破片
	白亜紀	前期	シノホト層			緑色の粘土岩、石油 恐竜の骨の破片
1億4500万年前	ジュラ紀	後期	ツァガンツァフ層	100～1200		玄武岩溶岩、流紋岩溶岩、白色凝灰岩、魚の化石 **プシタッコサウルス**、イグアノドン
	ジュラ紀	中期	シェリル層	150～2000		礫岩
2億13万年前	ジュラ紀	前期	ハモロホボロ層	200～4000		砂岩、粘土岩、礫岩、石炭

図1　モンゴルのジュラ紀～白亜紀の層序と産出恐竜.

生息していた大型の脊椎動物の化石が含まれ，そのため，ゴビの白亜紀後期の地層は恐竜化石の宝庫となっている．これらの地層の岩相から，ジュラ紀から白亜紀にかけてのゴビ地域の環境は以下のようにまとめられる.

ジュラ紀のはじめにゴビ地域には浅い湖があった（ハモロホウロ層）．ジュラ紀中期に北側の山地の急激な隆起が起こり，山地と平原盆地の区別がはっきりして，同時に山地から大量の礫が平原盆地に流れ込んだ（シュリル層）．平原盆地は相対的に沈降し、そこに湖ができた．そして、山地と平原盆地の境界の断層にそって地下からマグマが上昇し激しい火山活動が起こり，玄武岩溶岩や流紋岩質火山活動による白色火山灰層が湖に堆積した（ツガンツァフ層）.

白亜紀には湖はさらに深くなり，緑色の粘土が堆積した（シノフォト層）．山地の隆起にともない，湖は泥と砂礫で埋積されてしだいに浅くなった（フフテック層）．その後，ゴビ地域は乾燥した気候に支配され，湖は消滅して扇状地が広く発達した（バルンバヤン層以降の地層）．白亜紀後期にはゴビ地域の北東側が隆起してきたために，この扇状地の堆積物をためた盆地は順次西側へ移動して，白亜紀の終わりごろにはゴビの西部に限られて分布するようになった.

ゴビの恐竜化石はジュラ紀末期から白亜紀にかけての地層から発見されていて，以下のような種類がある．獣脚亜目のガリミムス，オヴィラプトル，ヴェロキラプトル，タルボサウルス，鳥脚亜目のイグアノドン，プロバ

図2　アメリカ隊が恐竜の卵などの化石を発見したモンゴル南ゴビのバヤンザクの炎の崖.
　　左側前が砦岩.

クトサウルス,サウロロフス,角竜亜目のプロトケラトプス,バガケラトプ
ス,曲竜亜目のサイカニアなどである.

　白亜紀後期のゴビの地層はほとんど砂岩層からなり時代ごとの区別がつか
ないが,産出する恐竜化石により地層の対比や時代決定がおこなわれている.
なお,白亜紀の地層からは哺乳類の化石も発見されていて,哺乳類の進化の
研究にも貢献している.

　図2に白亜紀後期のバヤンザク層(ドジョフタ層)が分布するバヤンザク
の崖の写真を示す.ここからは,プロトケラトプスやオヴィラプトルの化石
とともに卵の化石や哺乳類の化石も発見される.

4-4 哺乳類の発展と人類の誕生

　私たち人類，ホモ・サピエンスはどのように誕生したのであろうか．哺乳類の発展とその地質時代をたどり，生物の分布や人類の誕生と，現在の地形形成についての経緯を概観する．

1）哺乳類の進化

　哺乳類は，皮膚に毛と汗腺をもち，無核の赤血球と二心房二心室の心臓をもつ恒温性の動物で，乳腺からでる乳汁によって子どもを育てる．また，鼻や目などの感覚器官が発達し，脳が大きく，下顎骨が歯骨のみで構成され，歯は基本的に切歯・犬歯・小臼歯・大臼歯からなる．

　哺乳類が爬虫類と区別される骨学的特徴は，脳函が大きく，下顎は歯骨のみからなり，耳小骨が三つ，頬歯（前臼歯＋後臼歯）が複雑で，腸骨が前方に拡大するというものである．

　哺乳類の系統は，古生代末期の盤竜類という原始的な爬虫類から進化した犬歯と臼歯をもつ獣弓類（哺乳類型爬虫類）のキノドンが祖先といわれる．中生代のあいだ哺乳類は，小型で夜行性だった．ジュラ紀の汎獣類の系統からエイジアロドン科が進化し，そこから白亜紀初期に有袋類が，それにつづいて有胎盤類が進化した．

　現在の哺乳類は，単孔類と有袋類，有胎盤類に分類される．単孔類は，卵生の哺乳類でカモノハシとハリモグラがいる．有袋類は，お腹の袋で胎児を育てる哺乳類で，オーストラリアのカンガルーやコアラがよく知られるが，オーストラリア以外にも南北アメリカにオポッサムがいる．しかし，化石から有袋類の起源は北アメリカであるとされ，ジュラ紀の汎獣類の系統から有袋類が進化したといわれる．

　有胎盤類は，胎盤で胎児を育てるもので，現在の哺乳類のほとんどが有胎盤類である．現在の有胎盤類は，DNAゲノムシーケンスでアフリカ獣上目と異節上目，真主齧上目（ユーアルコント），ローラシア獣上目の四つのグレイドに区別されている（図4-47）．

　アフリカ獣上目には岩狸目や長鼻目（ゾウ），海牛目（カイギュウ），管歯目（ツチブタ）などが含まれる．異節上目には被甲目（アルマジェロ）や有毛目（アリクイやナマケモノ）などが含まれる．真主齧上目には齧歯目（ネズミ）や重歯目（ウサギ），霊長目（サル），皮翼目（ヒヨ

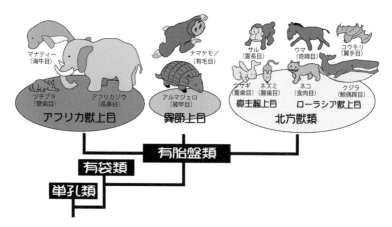

図 4-47　有胎盤類の四つのグレイド.

ケザル）などが含まれ，ローラシア獣上目には食肉目（ネコ）や奇蹄目（ウマ），鯨偶蹄目（クジラとウシ），翼手目（コウモリ）などの祖先が含まれる.

　有胎盤類は白亜紀初期の1億4000万年前に出現し，白亜紀前期の1億2000万年前にアフリカ獣上目と異節上目，それと真主齧上目とローラシア獣上目を合わせた北方獣類の三つに分かれた. そして，アフリカ獣上目はアフリカで，異節上目は南アメリカ，北方獣類はユーラシアでそれぞれの祖先が進化し，新生代になって大放散をした.

　この白亜紀前期の1億2000万年前に，アフリカと南アメリカ，ユーラシアの各大陸が海で隔てられた. このときすでに，オーストラリア大陸はユーラシア大陸（アジア）と海で隔てられて有胎盤類が渡れなかった. また，北アメリカ大陸も，すでに南アメリカとユーラシアの両大陸とは海で隔てられて有胎盤類が渡れず，有袋類が発展していた.

　しかし，白亜紀後期には北アメリカは南アメリカとユーラシアの両大陸とも陸でつながり，北アメリカを経由して南アメリカ大陸に有袋類や原始的な有蹄類である顆節目などが移住した.

　新生代に入ると，哺乳類は著しい適応放散をとげる. 暁新世に起こった放散は第一次放散とよばれ，原真獣類から放散したそのすべてが古第三紀のうちに絶滅した. 始新世には第二次放散が起き，このときには有蹄類や鯨偶蹄目，翼手目，齧歯目が出現した. そして，漸新世〜中新世

以降に現代型の哺乳類が古第三紀型のものと交代した．

　いわゆる草食の哺乳類は，新生代になって，とくに中新世以降に地殻の大規模な隆起によって台地が形成され，そこに乾燥した草原が発達することによって草をはみ草原でくらす哺乳類が出現した．なお，恐竜にも「草食恐竜」とよばれるものがあるが，恐竜で草食のものはなく，草食とされるものは木の葉を食べる植物食の恐竜のことである．

2) 海生哺乳類の海への進出

　クジラとカイギュウの先祖は陸上の哺乳類だったが，始新世になって海に生活の場を移した．両方とも中新世には水中生活に適応して後肢がなくなり，前肢は鰭状になり，体形は紡錘形になり，世界中の海に分布を広げた．最近の見解では，クジラは鯨偶蹄目のカバ科に属する先祖から進化し，カイギュウはアフリカ獣類のグループとしてゾウ（長鼻目）と近縁とされる．

　これらの陸上哺乳類が海で生活するようになったのは，始新世になって大洋の生物生産性がそれまでとは比べものにならないくらい高まり，それらにとっての餌が多量にあったからだと思われる．

　南アメリカの最南端と南極大陸の南極半島との間はドレーク水道とよばれ，海水準を 3,000 m 以上下げると現在の南ジョージア島や南サンドウイッチ諸島がほぼつながり陸化する．この弯曲した細長い陸地はスコチア陸橋とよばれる．今から 5000 万年前の始新世中期に海水準は現在の水深 2,500 m にあったと仮定するとスコチア陸橋は弧状列島となり，それでもこの水道を閉鎖的ものにしているが，海水準が上昇するとこの陸橋は完全に海中に没する（図 4-48）．

　南極大陸の気候は新生代になって寒冷化していったが，寒冷化の始まりは始新世中期以降と考えられる．その証拠は，南極半島のキングジョージ島の始新世前期の溶岩の上に氷河堆積物が発見されていること（Birkenmajer and Zastawniak, 1989）と，南極海の太平洋側での深海コアにその時期の海氷起源堆積物が発見されていること（Wei, 1989）である．これらのことから，Prothero (1994) は始新世中期に南極に新生代になってはじめての氷河（山岳氷河）が形成され，地球規模の寒冷化が始まったとした．また，Wolfe（1978）は，始新世と漸新世の境界で急激な寒冷化が起こったとし，これを Terminal Eocene boundary とよ

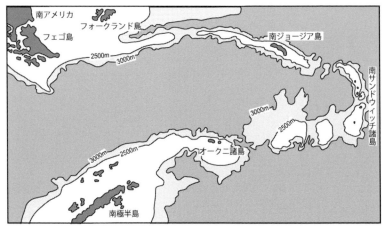

図 4-48　スコチア陸橋の地形（ドレーク水道の海底地形）.

んだ．また，南極では中新世中期の 1400 万年前には大陸氷床が大規模に発達していたことが推定されている（Kennet, 1982）.

　始新世中期以降の寒冷化の始まりは，スコチア陸橋が水没していった過程で南極をとりまいて流れる南極環流（南極周回流）が発生したことによる．南極の寒冷化が段階的に進み，南極に大陸氷河が発達し始めた．すなわち，中生代以降，始新世中期になるまで地球上の陸地にはどこにも氷床がなく，地球全体が温暖だった．南極大陸での大陸氷河と南極環流の発達により，南極海では溶存酸素や栄養塩を含み高い塩分の重い水である南極底層水が生み出された．そして，それは深海底にそって北へ移動して熱塩循環（海洋大循環）が始まった．

　南極の底層水と同じに重要な底層水が北大西洋底層水である．これも始新世の海水準上昇で，アイスランドの東側とスコットランドの北方の間にそれまであったテュリアン陸橋が沈水してフェローズ－シェットランド水道ができ，北極海の底層水が北大西洋の深海底に流入していった．

　この大洋での熱塩循環は，大洋のさまざまな海域で湧昇流を発生させて栄養塩豊かな海をつくりだし，そこに海の生きものが大量に繁栄した．陸上の哺乳類だったクジラとカイギュウの先祖は，始新世中期以降に始まった海洋大循環の結果生じた豊かな海に，海の幸を求めて進出して適応していったと思われる．

3) 奇蹄目と長鼻目の発展と衰退

　奇蹄目のウマ科は，現在生きているのはウマ属（エクウス）のみで，そのウマ属はウマ，シマウマ，ロバの仲間など5亜属9種しかいないが，中新世にはウマ科はたいへん繁栄していた．ウマ科の最古の化石は，北アメリカの始新世の地層から発見されたヒラコテリウムで，その大きさはキツネほどで森林に生息して葉食性であった．その後に，始新世にエピヒップスとパレオヒップス，漸新世にメソヒップスとミオヒップス，中新世にパラヒップスとメリヒップスが生息し，これらは始新世から系統的に進化していった（図4-49）．

　今から約1600万年前の中新世前期～中期に生息していたメリヒップスは，真の草食性を示す高冠歯を獲得したことと，より高速での走行を可能にした下肢骨（尺骨と橈骨，脛骨と腓骨）の癒合の二点で草原の草食動物として完全に適応していた．中新世前期～中期には台地の隆起と乾燥気候が広がるとともに大草原が拡大し，メリヒップスの出現は草原への進出の結果だった．

　今から約600万年前の中新世後期，この時代には地殻の大隆起が起こったが，この時代に生息したプリオヒップスは第二指と第四指を完全に消失させることで指が一本になり，現在のウマに近い形態をしていた．ウマ科の仲間は，それまで北アメリカで進化してきたが，更新世の氷河期にベーリング海を渡り，ユーラシア大陸やアフリカ大陸に到達し，現

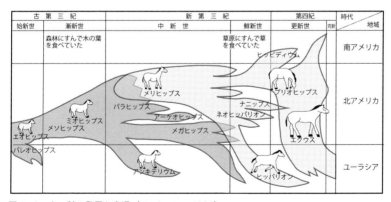

図4-49　ウマ科の発展と衰退（Macfadden, 1992）.

在のウマであるエクウス（ウマ属）に分化した．しかし，南北アメリカ大陸に残ったウマ科の動物は，氷河期に絶滅した．

ウマ科は，中新世にミオヒップスやメリヒップスからも多様な種分化が起こり大きく発展したが，系統の大半は鮮新世にすでに絶滅した．それは，ウシやシカなどのいわゆる草食性の偶蹄類が鮮新世から繁栄したこととは対照的である．

長鼻目（ゾウ）のもっとも古い祖先は，今から約5300万年前の地層から知られ，体が小さくまだ歯には犬歯もあった．この祖先は，ゾウの特徴である一対の長くのびた切歯をもち，臼歯は咬頭が横列をつくり，5本の蹄のある足指をもっていた．今から約2500万年前の中新世になると，ゾウは大型になり，上下の短かい顎から長く突き出した切歯をもっていた．これらのゾウは，鼻腔が頭の前にあり，上唇が前に出てその先に鼻の穴があった．図4-50に長鼻目の進化を示す．

今から約500万年前の鮮新世になると，ゾウは上顎だけに長い切歯をもち，顎がさらに短くなった．そのため，口には上下左右に各1本の大臼歯しかない，現在のゾウのタイプがあらわれた．このゾウは顎が短くなったかわりに，上唇が長くなった筋肉のついた鼻をもち，たいへん繁栄し，南極とオーストラリア以外の大陸に広く分布した．

しかし，更新世の後半になるとゾウの種類は激減して，とくに更新世後期のウルム氷期を生きぬいて今生きているゾウは，アフリカゾウとアジアゾウの二種類だけになった．

更新世に繁栄したマムーサス亜科のいわゆるマンモスの化石は，ユーラシアや北アメリカで多数発見されるが，ゾウを見たことのなかった昔の人々は巨大なマンモスの骨化石を巨人の骨と考えた．

マンモスなどのゾウの頭骨には一般に牙とよばれる長い切歯（前歯）があり，それが上顎を引き上げたために鼻孔が目の位置よりも上に位置する．そこには長くて自由に動く鼻がついていて，食物を口に運ぶことができる．しかし，ゾウを見たことのない人が，ゾウの骨格から長い鼻を想像できるだろうか．私たちはゾウを見たことがあるため，ゾウの化石の骨格を復元するときに容易に長い鼻をつけることができる．

鼻孔が目の位置よりも上に位置する動物は，ゾウのほかに鯨類がいる．鯨類は海面付近を遊泳するため，呼吸がしやすいように鼻孔が上方に移動した．クジラの潮吹きは，呼吸をしている姿である．恐竜の中にも鼻

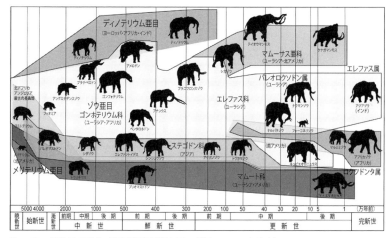

図 4-50　長鼻目の進化（野尻湖発掘調査団・新堀，1986 を改変）.

孔が目の位置よりも上に位置するものがいて，竜脚類のディプロドクス
は上顎の上方に鼻孔がある．私たちは恐竜の姿を実際に見たことがない
が，現在の爬虫類や哺乳類の骨格やその関節のしかたなどを参考にその
姿を復元をしている．したがって，現在の動物を参考にすればディプロ
ドクスの顔に長い鼻をつける復元も成立する．しかし，それをする古生
物学者はまだいない．

　このように，古生物の姿を復元することは，私たちが過去の生きもの
のすべてを知っているわけでないので，そこには現在の動物からの知識
を利用するしかない．過去の生物の本当の姿は，昔の人々がゾウの長い
鼻を想像できなかったように，現在の動物からは想像もできないさまざ
まな姿をしていたかもしれない．そのため，古生物学者が過去の生きも
のを復元する際には，その点に十分留意していろいろなデータを積み重
ねて，想像力をはたらかせて考えていかなくてはならない．

4) ヘビの進化

　ヘビは爬虫類であるが，爬虫類が栄えた中生代の終わりの白亜紀に，
トカゲから分かれて出現し，新生代の始新世以降に発展した．
　ヘビは地中の穴や岩の割れ目に棲んでいた夜行性の小型の初期の哺乳
類を獲物としていたことから，臭覚が発達し，岩の隙間を通過するため

図4-51　ヘビのとぐろにまかれた
哺乳類（星野，1992）.

に脚が不要となり，体が細長く伸びた
と考えられている（Rage, 1987）.

　白亜紀末期や暁新世の地層からはニ
シキヘビ科のヘビの化石が発見されて
いる．ニシキヘビ科のヘビは，脚の痕
跡があり，ヘビの進化の初期段階のも
のと考えられる．ヘビはとぐろを巻
く．このとぐろを巻く習性は，哺乳類
のような恒温動物を締めつけて殺す方
法として，きわめて効果的である（図
4-51）.

　恒温動物は，一定の体温を保つために十分に酸素の供給と強い肺の働
きで効果的な血液循環をする必要がある．そのような動物を締めつけれ
ば，血液循環が阻害される．とくに哺乳類では横隔膜の部分を締めつけ
れば，肺の機能は停止して死に至る．

　ヘビが進化した始新世は，有蹄類や鯨偶蹄目や翼手目，齧歯目が出現
した哺乳類の第二次放散が起きた時代であり，その後のヘビの進化も哺
乳類が放散する時期と一致する．このことから，ヘビは哺乳類の発展と
ともに，哺乳類の天敵として進化した爬虫類であるといえる．

　中新世から鮮新世にかけては，ナミヘビ科のヘビが大発展したが，そ
の科から分かれてコブラ科やウミヘビ科，クサリヘビ科の毒ヘビが出現
した．中新世以降の地質時代には，地殻の大規模な隆起によって台地
が形成され，そこにイネ科草類の発展とともに乾燥した草原が発達した.
そして，その草原に草をはみくらす草食の哺乳類が出現した．

　毒ヘビは，獲物を殺すための毒液と，獲物を探知するためのビット管
をもっている．マムシやハブ，ガラガラヘビなどのクサリヘビ科のヘ
ビには，目と鼻の間にピット器官という熱感知センサーがある．これは，
わずかな場所に熱感知細胞が15万個も密集したもので，まわりより0.2
℃ほど高い温度の物体を感知できる．そのため，クサリヘビ科の毒ヘビ
は暗い夜でもネズミや鳥などの恒温動物を感知することができる．

　もはや毒蛇は，ニシキヘビのように体力と時間を使って締めつけて獲
物を殺すのではなく，唾液の毒を濃集させて，それを毒牙で注入するこ
とにより一瞬のうちに獲物を倒すことができるようになった．

5) 日本列島の誕生と海洋環境の変化

　中新世は新第三紀から現在までのあいだで，もっとも気温が高い時代
だった．とくに中新世前期末〜中期初めには，日本列島では西黒沢海進
とよばれる海水準上昇があり，その時期にもっとも温暖で，それ以後
徐々に寒冷化が進行した．

　今から約1600万年前の中新世前期末には，浮遊性有孔虫化石の産出
状況からみて，極域付近をのぞいたほとんどの海域で熱帯種が分布して
いて，新しい種の出現する生層序層準も世界中でほぼ同時期に記録され
ている．日本列島ではこの時期には列島はなく，多島海のような地形だ
った．そして，新潟付近までビカリヤなどの腹足類が生息したマング
ローブや大型有孔虫のレピドシクリナが生息したサンゴ礁が分布する熱
帯の海洋環境で，北海道南部まで亜熱帯に含まれていた（図4-52）．

　この時代から中新世中期にかけて，日本列島の海底に厚い黒色泥岩層
が堆積した．この黒色泥岩層の中には熱帯のさまざまな種の有孔虫化石
が含まれるが，日本海側ではある層準からそれらが姿を消して限られた
種しか含まれなくなり，さらにその上位では浮遊性有孔虫化石がまった
くみられなくなる．最初の熱帯種が消滅する層準は有孔虫シャープライ

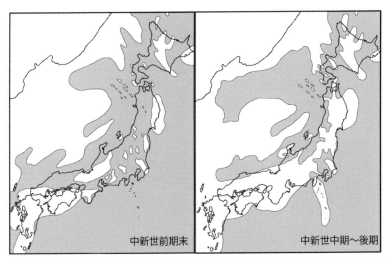

図4-52　中新世前期末と中期〜後期の日本列島の古地理．市川ほか編（1970）の古地理図
　　　　を改変．

ン（多井，1963）とよばれ，浮遊性種が消滅する層準は浮遊性有孔虫シャープ面（米谷・井上，1981）とよばれる．

中新世中期になると，日本列島の背骨にあたる脊梁山地の地域が隆起し始め，脊梁山地は日本海側と太平洋側を分断し，山地から流れだした河川は河口の海に砂泥を流出させた．そのため，それまでの多島海に分布していたマングローブやサンゴ礁は消滅した．そして，日本列島の脊梁山地の隆起により島弧ができて，太平洋側からの海水流入がなくなり，日本海が閉鎖的な海へと変化していった．その過程で，日本海側の中新世中期の黒色泥岩層に認められた熱帯種が姿を消す有孔虫シャープラインと浮遊性有孔虫がいなくなる浮遊性有孔虫シャープ面が形成されたと考えられる．

中新世中期には，南極大陸の氷床が発達して拡大していき，中新世末期には氷床が南極大陸のほとんどをおおうようになった．北太平洋では中新世中期以降に極帯〜漸移帯に相当する寒冷水塊が何度か南下した．とくに中新世後期（約1000万年前）になると隆起は激しくなり，関東から九州にかけての太平洋側の海域では，約850万年以降に寒冷化が顕著になった．浮遊性有孔虫化石でその変化をみると，熱帯種がみられなくなり，かわって亜寒帯の種が卓越するようになる．そして，鮮新世からは漸移帯（温帯）域の特徴種の系統が卓越する．

私の研究フィールドである富士川層群や掛川層群からは，中新世後期から鮮新世にかけての地層から，*Amussiopecten* 属の二枚貝化石が特徴的に産出する．*Amussiopecten* 属は，古第三紀と新第三紀のさまざまな地層から記載されているが，ヨーロッパや北と南アフリカ，東南アジア，北と中央，南アメリカの *Amussiopecten* 属のすべての種は中新世中期末期に絶滅して，いくつかの種が東南アジアと東アジアの鮮新世まで生き残り，日本列島の太平洋沿岸の南側では更新世前期まで生き残った．

日本列島における *Amussiopecten* 属の最初の出現は，中新世前期の沖縄県の西表島の八重山層群であり，中新世後期から鮮新世にかけては，日本列島の太平洋沿岸南部にあたる三浦層群や富士川層群と曙層群，掛川層群，宮崎層群などから系統的な三種が発見されている．それらの種は，中新世後期の前期に *Amussiopecten akiyamae*，中新世後期末期に *Amussiopecten iitomiensis*，鮮新世〜更新世前期に *Amussiopecten praesignis* が生息していた．柴ほか（2013）では，山梨県身延町の富士

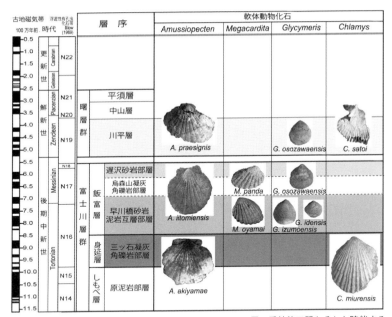

図 4-53　富士川層群と曙層群から産出する *Amussiopecten* 属の系統的三種とそれと随伴する二枚貝類化石の層準（柴ほか，2013 を改変）. A.: *Amussiopecten*, M.: *Megacardita*, G.:*Glycymeris*, C.: *Chlamys*.

川層群と曙層群でこれら *Amussiopecten* 属の一連の系統と思われる三種が下位から上位の異なった三つの層準からそれぞれ産出することと，それらと随伴する二枚貝類の生息範囲を明らかにした（図 4-53）.

　このことから，もともと *Amussiopecten* 属は世界の熱帯域に生息していたものが，中新世中期以降の寒冷化にともない東アジアの亜熱帯〜漸移帯域，とくに日本列島の太平洋岸南部で適応したが，更新世前期の今から 180 万年前に絶滅してしまったということになる.

　この更新世前期の今から 180 万年前から，掛川地域では，後背地の赤石山地の大隆起にともない海底も浅海化し，その後ファンデルタが発達した. そして，貝化石については，現在生息するダンベイキサゴ（*Umbonium giganteum*）などの現生種がその祖先型のスウチキサゴ（*Umbonium (Suchium) suchiense suchiense*）にかわって出現し，ほとんどのものが現生種となった.

6) 人類への進化

　最初の霊長目の化石は，白亜紀後期の北アメリカの地層から発見されたプルガトリウスである．この種が含まれる原猿類のプレシアダピス類は，暁新世から始新世中期に北アメリカとヨーロッパで栄えた．原猿類には，プレシアダピス類やキツネザル類，メガネザル類が含まれる．原猿類は，食虫目によく似た特徴をもち，樹上生活に適応して臭覚が退化し視覚が発達し，果実食に向かった．指には鈎爪があり，第一指がはなれ握る能力があり，大脳が発達している．

　その後にあらわれた真猿類は，狭鼻猿類と広鼻猿類からなり，果実食性で立体視できる目をもち，樹上では四足歩行をする．真猿類の最古の化石は，エジプトの漸新世の地層から発見されているプロプリオピテクス類である．

　広鼻猿類は中央アメリカと南アメリカにすむクモザルやマーモセットなどのサルで，新世界ザルともよばれ，鼻の穴の間隔が広く，穴は外側に向く．狭鼻猿類はマントヒヒやニホンザルなどのアジアとアフリカにすむサルで，旧世界ザルともよばれ，鼻の穴の間隔が狭く，穴は下方またはやや前方を向く．

　現在，地球に生きている人類はすべて生物学的にはホモ・サピエンス（*Homo sapiens*）に属する．*Homo* 属（ヒト）は狭鼻猿類のヒト上科（Hominidae）に属する動物で，それにはオランウータンやゴリラ，チンパンジーなど類人猿の仲間も含まれる．ヒト上科に共通してみられる体の特徴は，樹上でぶらさがる運動に適応していることである．

　中新世初期の類人猿プロコンスル（*Proconsul*）は，完全な骨格がケニアからみつかっていて，現生のヒヒくらいの大きさで，現在の類人猿と異なり樹上性四足歩行をしていたと考えられる．類人猿は中新世の前半に多様な進化をとげ，Begun（2003）は中新世を「猿の惑星時代」とよんだ．類人猿の化石は，ヨーロッパの地中海沿岸と中東域からアジアにかけての地域，アフリカのケニア地域で発見されていて，ヨーロッパからアジアとアフリカへ進出したらしい（Begun, 2003）．

　現生の類人猿に直接つながるものとして，オランウータンやゴリラなど大型の類人猿に似ているドリオピテクスとシバピテクスがある．これら中新世の大型の類人猿は，頑丈な顎と歯型からみて完熟した果実を好

み，熱帯から亜熱帯の森林ですご
していたと思われる.

　類人猿の中で系統的にはテナ
ガザルがヒトからもっとも遠く，
約2000万年前ごろに他と分かれ，
ついでオランウータン，ゴリラの
順に分かれ，最終的に中新世後期
の後半にヒトとチンパンジー／ボ
ノボの系統（ヒト族）が分かれた
と推測されている．この最後の分
岐がいつ，どのように起こったか
についてはよくわかっていないが，
その年代については800万〜700
万年前ころとされている.

　今から約1000万年前の中新世
後期になると，地殻の大規模な隆
起が起こった．東アフリカでは東
アフリカ地溝帯（図4-54）の南北
方向の大隆起によって，その西縁

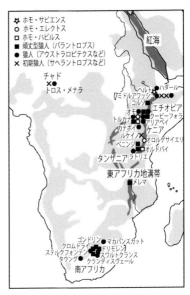

図4-54　東アフリカ地溝帯とその周辺の猿
　　　　人の化石の産地（ウッド，2014
　　　　とウォン，2004を改変）．暗色
　　　　部は地溝部で影部は隆起地域.

から東側が乾燥した高原となった．東アフリカ地溝帯の東側では，樹上
から草原に降りて二足歩行を始めた最初の人類（猿人）が約600万年前
に生まれたとされた.

　このように，東アフリカ地溝帯の東側で起こった人類の誕生の物語は，
「イーストサイド・ストーリー」とよばれた（コバン，1994）．しかし，
この説は地溝帯の乾燥化が猿人の二足歩行の後に起こったことと，東ア
フリカ地溝帯の西方2,500 kmにあるチャドの中新世後期の地層から直
立二足歩行をしていたらしい猿人（サヘラントロプス・チャデンシス）
の化石が発見されたことから，人類誕生の物語はウエストサイドでも起
こっていた可能性もある.

　したがって，中新世後期のアフリカには，熱帯雨林や湿地帯，山地や
草原など多様環境があり，樹上から地上におりた類人猿もいて，その
中から人類が進化したと考えられている．図4-55に人類と進化の系統
を示す.

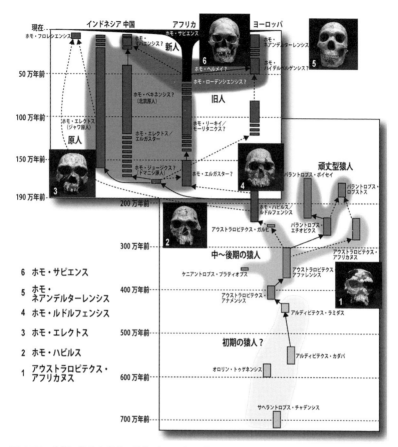

図 4-55 人類の進化と系統. 海部 (2009) を改変.

　700万〜500万年前にいたサヘラントロプスやオロリンなど初期の猿
人は，とりあえずヒトの先祖と考えられているが，それらが人類の祖先
なのか絶滅した類人猿なのか不確実で，最古の人類の化石はエチオピア
の440万年前の地層から発見されたアルディピテクス・ラミダスである
という意見 (Begun, 2003) もある．

　約440万〜250万年前の鮮新世にアウストラロピテクス（中〜後期の
猿人）が繁栄した．アウストラロピテクス属の特徴として，直立二足歩
行による手の開放があり，咽頭腔の形成により言語の発声が可能になっ
たと考えられている．今から約360万年前のアウストラロピテクス・ア

ファレンシス（ルーシーとよばれる化石人類）の化石層準からは二足歩行の足跡の化石も発見されている.

　300万〜200万年前に，二つの新たな人類であるホモ属とパラントロプス属が生まれ，後者は巨大な臼歯と顎をもっていて，大きく平坦な顔つきをしていた．パラントロプス属は森林が減少していくなかで，硬い果実や根茎類などを食べるように特殊化したが，100万年前までに絶滅した.

　初期の原人であるホモ・ハビルス類は，今から約240万年前から知られるが，脳容積が猿人の1.5倍の500〜800ccで，臼歯が縮小し顔面全体が平面化していて，その他は猿人の形態を残している．また，ホモ・ハビルス類は石器を使用していたことがわかっている.

　今から約160万年前からあらわれたホモ・エレクトス類（原人）は，脳容量が800〜1000ccで，臼歯は短縮して顔面は偏平化している一方，眼窩上隆起の発達と頭蓋冠が低く，肉体的にヒトの特徴をそなえていた．原人は，原始的ではあるが人類社会を形成し，集団による狩猟生活を営んでいた.

　原人は今から約100万年前にアフリカを出てアジアにゆき，その後ユーラシアに拡散した．原人には，ジャワ原人（100万〜60万年前），藍田原人（約80万年前），北京原人（60万〜25万年前）などがある．周口店からは北京原人が火を使用した跡が発見されている．そのほか，フランスのトータヴェル原人（約50万年前），スペインのトラルパ遺跡（約30万年前）では，火の使用や集団狩猟の跡がみられる．なお，原人の石器として，握槌（Hand axe：解体や皮剥ぎなどに使用する石斧）などアシュール文化がある.

7) 旧人から新人へ

　ホモ・ハイデンベルゲンシスやホモ・ネアンデルターレンシスなどの旧人は，古代型ホモ・サピエンスの一つで，アフリカ，ヨーロッパ，中国の今から約50万〜3万年前の地層から発見される.

　旧人の特徴は，前後に長く頭頂部の平らな大きな頭骨をもち，脳容積は1500cc以上で，原人の特徴である眼窩上隆起の発達が著しい．また，頑丈な顎と大きな歯，前歯がとくに大きいことによる吻部の突出とオトガイの欠如があげられる．頭を支える頚部後方の筋肉も発達し，上腕骨

の回転運動の制御に優れていた．また，旧人の石器としては，剥片石器による皮剥器（サイドスクレーパー）や尖頭器が中心のムスティエ型で，埋葬と医療知識があった．

　私たちホモ・サピエンス（新人）の誕生については，それぞれの時期にたがいに影響しながら旧人から新人に移行・進化したという多地域起源説があるが，南アフリカやエチオピアの16万～13万年前の地層からホモ・サピエンスの化石が発見されることと，ミトコンドリア DNA の証拠から，アフリカ起源説が有力である．ホモ・サピエンスは，20万～15万年前にアフリカで誕生して，約10万年前に海水準低下とともにアフリカからアラビア半島に渡り，世界に拡がったといわれる．

　旧人と新人，すなわちネアンデルタール人とホモ・サピエンスは10万年前以降に共存していた．フランス南部とイベリア半島西部では，両者が3万5000年～2万7000年前に共存していたことがわかっている．おそらくホモ・サピエンスは勢力をのばしてネアンデルタール人を追い詰めていったと考えられるが，混血して子孫を残したかなど，両者の間に何があったかはわかっていない．

　新人の特徴をコーカソイドの特徴をもつクロマニオン人（南フランス産）でみると，頭骨の前頭部はふくらみ，額は広く，頭頂部は高く，丸い頭骨をしている．また，眼窩上隆起はなく，オトガイが出現していて，歯の大きさは縮小しているため顎の短縮と顔面の偏平化が顕著である．脳容積は 1400～1600cc で，胴体から離れた先端側の骨が長く，頚骨の断面が前後に偏平である．

　新人の石器は，精密な石刃石器による狩猟生活での生産性の向上とシャーマニズムによる人類社会形成が推定されている．

8）海水準変動とヒトの発展

　今から約 40 万年以降，地殻の隆起と海水準上昇が並行して起こる地殻変動があり，現在の地形はこの過程によってほぼ完成した（柴，2016a）．

　すでに 58～59 頁でのべたが，日本列島の現在の動物群集のほとんどは，今から約 43 万年前に対馬海峡が陸化していた時代に朝鮮半島や中国大陸から渡ってきた．そのころの海水準は今よりも 1,000 m 低く，その後の地殻の隆起と海水準上昇が並行して起こる地殻変動のために日本

列島は大陸と海で隔てられて形成した．そして，大陸と海で隔てられた日本列島の中で，進化したその子孫によって，現在の日本列島の動物相のほとんどが形成されている．

今から約12万年前には，海水準は現在とほぼ同じ位置にあったと考えられる．その後ウルム氷期の最盛期にあたる2万年前に向かって．海水準は段階的に現在の水深100mまで低下した（図4-56）．そのため，現在の水深100 m付近の大陸棚外縁はウルム氷期の最盛期の海岸線にあたる．また，この段階的な海水準低下によって，平坦面をつくる河川段丘や海岸段丘が形成され，それらは海水準低下と同時に起きていた段階的な隆起によって，現在の高度に達した．そのため，地域による隆起量のちがいにより，各段丘の現在の高さが異なる現象が生じている．

ウルム氷期の海水準低下が始まって少したった約10万年前に，アフリカで進化したホモ・サピエンスは，アフリカ大陸を出てアジアやヨーロッパに広がっていった．そして，ウルム氷期の海水準低下とともに陸続きになっていった世界各地に拡がった．

ベーリング海峡は，ウルム氷期の最盛期にはシベリアとアラスカが陸続きになり，マンモスとともにホモ・サピエンスは北アメリカ大陸に渡り，中央アメリカを越えて1万年前には南アメリカ大陸の南端まで到達した．東に向かったホモ・サピエンスは，インドネシアのバリ島（ワレス線）まで到達した．そしてその後はいかだで東の海に乗り出していっ

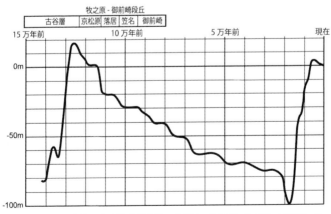

図4-56　ウルム氷期の海水準変動曲線．牧野内（2005）と松島（1987）を参考に，牧之原台地とその周辺の段丘高度差も考慮に入れて作成．

た.

　ウルム氷期の終わりにより海水準は段階的に上昇し，今から6000年前のいわゆる縄文海進期には海水準は現在より2〜3mほど高い位置にあった．海水準上昇の停滞期には，扇状地や砂嘴が形成されたが，最後の海進期である縄文海進期には現在の平野の奥まで海が浸入した．その証拠に沖積平野の山側に縄文時代の多くの貝塚が分布する.

　その後，海水準は下降して，大きな河川の河口には扇状地や三角州などからなる沖積平野が形成されていった．旧約聖書で天地創造のモデルとなったチグリス・ユーフラテス河口の三角州も，ピラミッドがその西岸に並ぶナイル河口の三角州，今や世界的な大都市となった東京が存在する関東平野も，縄文海進後の海水準低下による大河川の三角州が形成した大地であり，このような海岸平野が世界各地に形成された.

　私たちが今，授業しているこの三保半島の大地も，ウルム氷期以後の海水準上昇の2回の停滞期と縄文海進後の海水準低下によって，安倍川の河口に運ばれた砂礫が海岸沿いに砕波により移動して段階的に三つの砂嘴が形成されたもので，博物館のある三保半島先端に発達する第三の砂嘴は現在でも成長している.

　海水準低下にともなって，海だったところが扇状地や三角州，河口の低湿地となって，その大地に人々がおりて農耕を始めて，現在に至る文明の歴史が始まった．人々は，生産性を高めるために河川改修や干拓，土壌改良などをおこない，やがて都市が形成されていった.

　農耕の始まりから現在までの歴史については，人の文化の歴史となる．それはそれで興味あるところであるが，その分野は考古学や歴史学のテキストへ譲って，生物進化の歴史の概説を終了する.

コラム
6

伊豆諸島の生物のおいたち

伊豆半島は南から来て，本州に衝突したという説がある．しかし，伊豆半島の南にある伊豆諸島には，海を渡れない昆虫や陸貝，それにトカゲやヘビがいる．そして，それらはまぎれもなく日本本土から渡って来たものである．海を渡れない動物たちの存在は，伊豆半島とともにその南の島々がかつてはるか南方にあって，北に移動して来たという説ではまったく説明できない証拠である（柴，2016b）．

伊豆半島の先端から，およそ150 km離れた八丈島（図1）には，マムシがいる．日本列島のマムシは *Gloydius blomhoffii*（ニホンマムシ）一種ともいわれ，八丈島のマムシも同種である．伊豆諸島には八丈島以外に大島にもマムシがいる．伊豆諸島のマムシは，体色が赤くアカマム

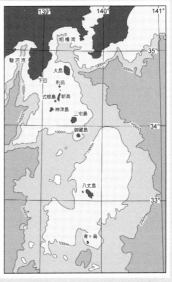

図1 伊豆半島から青ヶ島に至る伊豆諸島の海底地形．水深2,000 mでそれらは囲まれ，水深1,000 mで伊豆半島から御蔵島までの範囲と八丈島を含む範囲に分かれる．

シとよばれる．ニホンマムシは，朝鮮半島からユーラシアの北部のマムシに近縁のものであり（星野，1992），八丈島のマムシが南から来たとは考えられない．

八丈島には，マムシ以外にハチジョウノコギリクワガタなどの昆虫もいる．黒沢（1990）は，暖地性の木材穿孔型で海流に運ばれる昆虫を除くと，現在は本州中部以北の高地や寒冷地にしか生息しない種類があり，それらは本州からつづくかつてあった半島を南下したと推定している．カミキリの仲間では，本州系だが固有亜種に特化したクモノスモンサビとシラホシも八丈島はじめ三宅島や御蔵島などにもいる（高桑，1979）．

高桑（1979）によれば，伊豆諸島のカミキリとトカラ列島のそれとは密接な関係があり，共通するいくつかの固有種が両地域に分布するという．そして，ドイとセンノキという二つの種では，神津島以北では本州からの南下した亜種が分布し，神津島以南では九州の南西にあるトカラ諸島からの移入した亜種が分布するという．

コラム6　伊豆諸島の生物のおいたち——**167**

ドイとセンノキと同じ例として，伊豆諸島の固有種とされる陸鳥にイイジマムシクイとアカコッコがいる．西海（2009）によれば，イイジマムシクイの本土での類似種はセンダイムシクイで，アカコッコに対してはアカハラであり，伊豆諸島の固有種とされたこれら二種はトカラ諸島にも分布していて，トカラ諸島のアカコッコはむかし繁栄していた種が生き残った遺存種（レリック）の可能性があるという．

　伊豆諸島のクワガタのうち，もっとも興味深いものは，御蔵島と神津島にしか生息しない固有種のミクラミヤマクワガタである．荒谷（2009）によれば，この種はミヤマクワガタ属の中でも祖先的な種とされ，中国南部に分布するラエトゥスミヤマやパリーミヤマと同じ種群に含まれ，ミトコンドリアDNA分析でも中国のこれら二種に近縁であるという．そして，ミクラミヤマクワガタの祖先の種は，中国大陸から日本，そして伊豆諸島へ侵入した後，日本本土で何らかの理由で絶滅してしまい，伊豆諸島の御蔵島と神津島のみに生き残ったいわゆる遺存分布とみられる（荒谷，2009）．

　野村（1969）は伊豆諸島の昆虫相から，波部（1977）は陸貝相から，かつて本州から青ヶ島までをつなぐ巨大な半島（古伊豆半島）が存在し，それが順次切り離されて，現在の動物相の古い要素が形成されたと考えた．

　伊豆半島から伊豆諸島の青ヶ島まで分布する特徴種にオカダトカゲがある．このトカゲは，ニホントカゲに似ているが，胴体中央の体鱗の列の数がニホントカゲより少ないのが特徴である．ただし，伊豆諸島北部や伊豆半島では，ニホントカゲと同じ26本に近くなるため区別がつかず，ミトコンドリアDNAのデータによって両種は区別される（岡本・疋田，2009）．

　両種の分布の境界をDNAのデータで調べた結果（岡本・疋田，2009），それは酒匂川－富士山－富士川下流となり，約200万～40万年前まで伊豆半島と本州主部とのあいだにあった海の位置と一致した．このことから，岡本・疋田（2009）は，今から約40万年前に伊豆半島と本州主部が地つづきになる前から，伊豆半島から伊豆諸島にオカダトカゲの祖先が分布して，独自に進化したと推定した．そして，オカダトカゲの祖先がニホントカゲの祖先と同じであり，ニホントカゲとオキナワトカゲとは類縁関係が離れていることから，ニホントカゲとオカダトカゲの起源は鮮新世～更新世前期とした．また，疋田（2002）は，オカダトカゲの伊豆諸島における分布は，飛び石分布や海流分布でも説明できず，古伊豆半島を想定する必要があるとのべている．

　伊豆半島南部には，陸貝のシモダマイマイが分布する．伊豆半島では河津町の河津川を境に，その北側ではミスジマイマイが分布し，シモダマイマイの分布はその南部に限られている．この伊豆半島の北部と南部での両種のす

み分けは，半島北部での火山活動によるシモダマイマイの分布域の縮小とミスジマイマイの伊豆半島への侵入によるためと考えられている（林・千葉，2009）.

　すなわち，シモダマイマイの祖先は，かつて本州から伊豆半島に侵入したが，伊豆半島に閉鎖されて現在の種に進化し，約40万年前以降から伊豆半島が本州と陸つづきになって北からのミスジマイマイの侵入により，現在の限られた分布となったと思われる.

　しかし，シモダマイマイは，伊豆半島南部だけでなく，伊豆諸島の大島から神津島までの島々にも分布する．そして，伊豆半島南部と伊豆諸島のシモダマイマイは，ミトコンドリアのRNA解析では，それらは同じハプロタイプをもつことが明らかになっている（林・千葉，2009）.すなわち，伊豆半島と伊豆諸島は，かつてシモダマイマイがそこで進化した大きな島を形成していたと思われる.

　また，伊豆諸島の御蔵島までの島々にはシマヘビが分布する．神津島の東にある祇苗島（ただなえじま）は，巨大なシマヘビの生息地として知られている．これらの島々のシマヘビのミトコンドリアDNAのハプロタイプの分析から，約60万年前に本土から三回侵入したと推定されて，一回目が東日本から大島，二回目は東日本から御蔵島，三回目は利島（としま）～神津島であるという（栗山ほか，2009）.

　伊豆諸島の植物相も動物と同じように特徴的なもので，その成立に関して大場（1975）は以下のようにのべた.

　日本の常緑広葉林帯の火山砂礫原の初期先駆植生にはイタドリ－ススキ群集が出現するのに対して，伊豆諸島ではハチジョウイタドリ－シマタヌキラン群集が特有の植物群落となっている．シマタヌキランは，本州の夏緑広葉林帯から高山帯下部にわたって分布するコタヌキランに明らかに近縁のものであり，このことからハチジョウイタドリ－シマタヌキラン群集は，本州中部の夏緑広葉林帯以上のところから由来した．また，伊豆諸島はその全域が常緑広葉林帯に属するにもかかわらず，夏緑林帯以上に本拠のあるマイズルソウやコイワザクラ，スズタケ，クロモジ，タチハイゴケなどが分布していて，伊豆諸島の植物相は，ハチジョウイタドリ－シマタヌキラン群集など本州中部の夏緑広葉林帯にその母型が求められるものと，ハチジョウモクセイやフシノハアワブキなど九州南部以南に母型が求められるものの二群に大別される.

　このことから，大場（1975）は，伊豆諸島の植物相の形成がまず過去のある時期に本州と伊豆諸島間が陸化していて，その時期に伊豆諸島およびその対岸の本州が現在よりも寒冷で海岸付近まで夏緑広葉林帯であったと考え，その後に気候が温暖化して海水準が上昇し，本州と伊豆諸島が海で隔てられ

て伊豆諸島における夏緑広葉林帯が消失して，温暖環境で常緑広葉林帯の環境に適応分化したとした．

　そして，大場（1975）は，伊豆諸島の新固有種形成以後に海退があり，一部海岸付近の植物が再び本州沿岸に渡り，イズノシマダイモンジソウ，ハコネウツギ，オオバヤシャブシ，ガクアジサイ，ワダンなどの伊豆諸島に起源をもつ植物が房総，三浦，伊豆半島の海岸に分布するとした．

　伊豆諸島の動物や植物は，そこがかつて日本列島と陸つづきであったことと，その後に海で隔てられ，独自の生物相が形成されたことを示している．とくに，伊豆諸島と伊豆半島の遺存種は，そこが大きな半島だった時代に日本列島を経由して渡り，海に隔てられた時代にシモダマイマイやオカダトカゲのような生物が，そこで独自の進化をとげて固有種となったと思われる．すなわち，伊豆半島と伊豆諸島の遺存種の存在は，伊豆半島が南から移動して来たものでないことを証明している．

　伊豆諸島までも含んで南に伸びていたかつての伊豆半島は，野村（1969）と大場（1975），波部（1977），高桑（1980）が言及したように，本州から青ヶ島までをつなぐ巨大な半島（古伊豆半島）であったと思われる．そして，それが順次切り離されて，古い要素をもつ現在の動物相が形成されたと考えられる．それでは，その古伊豆半島はいつ存在し，どのように切り離されて，現在に至ったのであろうか．

　ドイとセンノキやアカコッコなどのように，トカラ諸島と関連のある遺存種の存在と，オカダトカゲの起源は鮮新世以降ということも興味深い．トカラ諸島には，その南部の悪石島と小宝島の間に引かれた動物分布の境界線である渡瀬線がある．この線はニホンマムシなど日本列島の動物の南限で，ハブなど琉球列島の動物の北限にあたる（徳田，1969）．

　渡瀬線は，トカラ諸島の東側にあるトカラギャップとよばれる水深約1,000mの海底の溝にひかれている．そこには鮮新世の地層が厚く堆積していて，中新世のころにはそこは途切れて深い海峡があったと推定される（相場・関谷，1979；星野，1983）．

　中新世末期に現在の水深2,000mの等深線付近に海岸線があったと星野（1965）はのべている．駿河湾から伊豆諸島にかけての水深2,000mの等深線をみると，八丈島の南側までのびた幅ひろい古伊豆半島が出現する（図2）．同様に，トカラギャップでも，鮮新世の堆積物を除くとその水深は2,000m以上に達する．

　中新世末期に，ニホンマムシやオカダトカゲの祖先，ハチジョウノコギリクワガタ，ドイとセンノキやアカコッコなどのトカラ諸島と関連のある遺存種など伊豆諸島にいる遺存種のなかまは，渡瀬線より北側の日本列島にひろ

図2 中新世末期の古伊豆半島. 中新世末期に
は, 水深2,000 mの等深線で囲まれて八
丈島の南側までのびた古伊豆半島があり,
ニホンマムシやオカダトカゲの祖先, ト
カラ諸島と関連のある遺存種などが, こ
の時の古伊豆半島に分布していた.

図3 更新世前期～中期の古伊豆島と古八丈島.
更新世前期～中期には水深1,000 mで囲
まれた陸域があった. 本州とは海を隔てた
伊豆半島北部から御蔵島まで古伊豆島が,
そして八丈島周辺には古八丈島があった.
古伊豆島ではシモダマイマイなどが進化
した. 古八丈島は, 鮮新世のはじめに古伊豆
半島から隔離されたために, 古いタイプの
より海洋島環境に適応した遺存種が多い.

く分布し, もちろん伊豆諸島が含まれる古伊豆半島にも分布していた.

　大場（1975）の指摘した夏緑広葉林帯の植物は, 中新世末期の海水準が
今より約2,000 m低かった時期に古伊豆半島の海抜1,000 m以上の高地に
分布していたものかもしれない.

　鮮新世～更新世前期の海水準の上昇量は約1,000 mあり（星野, 1972），
古伊豆半島も含めて日本列島の海側の陸地は沈水していった. そして, 水深
約1,000 mで区切られた陸地の地域が, 鮮新世～更新世中期の時代のおおよ
その陸地の分布となった（図3）.

　中新世末期にあった古伊豆半島は, 鮮新世には伊豆半島南部から御蔵島ま
での古伊豆島と, 八丈島を中心とした古八丈島に分かれた. 古八丈島にトカ
ラ諸島と近縁の種がいるのは, 古八丈島はトカラ諸島と同様にそのころに日
本列島から隔てられて, 海洋島の環境で遺存種が保存されたためであると考
えられる.

　御蔵島までの古伊豆島は, シモダマイマイの先祖が渡った島であり, シモ

ダマイマイはその島で進化した．古伊豆島は，今から約180万〜40万年前までのあいだ日本列島とは海で隔てられた．しかし，御蔵島までの島々に生息するシマヘビが約60万年前に本州から渡ったことから，日本列島にトウヨウゾウが渡来した約60万年前（小西・吉川, 1999）の隆起の時代に，古伊豆島は本州と一時的に陸つづきになったと思われる．

　約40万年前から現在までの時代は，藤田（1990）が指摘した六甲変動の時代で，大規模な隆起と海水準上昇が起こったと考えられる．またこの時代には，駿河湾の形成から柴（2016a）が有度変動とよんだ，大規模な地殻の隆起とそれと並行して海水準が段階的に約1,000 m上昇した地殻変動が起こった．

　その今から約40万年前に，古伊豆島は北側の日本列島と陸つづきになり，そこでは現在の伊豆半島も含めて，南北方向ないし北東−南西方向の隆起と火山活動が起こった．一方，古伊豆島の南部と古八丈島の隆起量の小さかった地域は，現在あるいくつかの火山島を残して海水準の上昇により沈水した．隆起や火山活動による陸地の上昇高度と海水準上昇の差により，陸地がありつづけたところに，ここで紹介した遺存種が生きのびることができた．

　星ほか（2015）による伊豆−小笠原弧における反射法地震探査の結果では，Unit Vとされた鮮新統の基底は広域にわたり追跡可能な不整合面とその延長の震探シーケンス境界として設定されている．このことは，伊豆−小笠原海嶺頂部が中新世後期に陸上であった可能性を示唆するものと思われる．また，星ほか（2015）では，海底地形と調和的で現世の火山噴出物の下限とみなされる震探シーケンス境界が設定されていて，その上位のUnit VIを第四系としている．このUnit VIの地質時代の詳細についてはのべられていないが，この伊豆−小笠原弧北部におけるUnit VIの分布や地質時代，震探シーケンス境界の詳細が，鮮新世以降の伊豆諸島の古地理を明らかにする一つの手段となると考えられる．

5 まとめ

　本書は，私がおこなう「古生物学」の講義のテキストとして作成した
ものである．毎回の講義の終わりに学生には，講義の内容や感想を問う
出席票を提出してもらっているが，学生に講義の内容が十分に理解され
なかったり，正確に伝わっていないこともある．それらを解消する手段
として学生諸氏にはこのテキストを活用していただきたいと思い，本書
を著した．

　古生物学も他の学問分野と同様に研究対象は広くその内容も深い．そ
して，最近では新しい研究やさまざまな仮説も提案されている．本書で
は古生物学に関するそのようなすべての内容を網羅できていないが，こ
れまで私がおこなってきた古生物学的な研究を中心に，古生物学の入門
の基礎として重要と考えてきたことを著した．

　古生物学の目的は，古生物と地球の歴史をもとに生物進化の過程とそ
の要因を明らかにして，現在の生物の成り立ちを歴史的に理解するとい
うことである．したがって，生物と地球の姿（地形）の変遷の結果とし
てあらわれる生物地理は古生物学にとって重要であると考えられる．そ
のため，本書では生物地理学的な内容について，現在普及している大陸
移動説だけでなく，それとは異なる私自身の独自の考えも含めてその解
釈を紹介した．

　その点で本書は他の古生物学のテキストとは異なったものとなったか
もしれない．しかし，地質学や古生物学など歴史科学では，さまざまな
仮説をもとに討論されるべき問題が多い．したがって，本書で古生物学
に興味をもった読者は，ぜひ他の地質学や古生物学の図書で本書では補
えなかった知識を学び，生物の進化と分布の謎に挑戦してみていただき
たい．

　本書ではまず，化石とは過去の生物の存在を示す証拠であると定義し，
人の歴史の中で，化石がどのように理解されてきたかを中心に自然科学
の歴史を簡単に紹介した．そして，古生物学の研究対象である化石が地

層に含まれることから，古生物学が地質学と生物学の学際的な学問である点と，両者の古生物学に関する研究方法を概説した．

地質学的方法では，地層が形成する環境と地層の岩相（堆積相）の関係，地層がどのように形成するか，そして地層は有限の広さと垂直的には不連続に重なっていることをのべた．生物学的方法では，生物の基本構造，生物分類や学名，生態と生態系，進化についての基礎と，生物地理について紹介した．

化石の研究では，化石についてと化石がどのように形成されたかというタフォノミーについてのべ，地層に含まれる化石により地層を区分する生層序帯と代表的な微化石について紹介した．ここでは，私の研究分野の一つである有孔虫について他より詳しくのべた．

生物進化の歴史では，生命の起源から現在までの生物と地球の姿について，時代の流れにしたがってそれらの変遷の歴史をのべた．まず，生命の誕生初期においては，シアノバクテリアと真核生物の誕生と，多細胞生物の発展が重要な段階だったこと．そして，無脊椎動物の進化では，カンブリア紀中期のバージェス動物群にみられる無脊椎動物の放散と，代表的な無脊椎動物の化石の特徴を紹介した．

脊椎動物の進化では，その起源と分類につづき，魚類の進化と有羊膜卵をもつ四肢動物の発展をのべ，中生代の爬虫類，とくに恐竜の繁栄と謎，それと白亜紀のギュヨーの化石と海水準上昇という私の研究を紹介した．哺乳類の進化では，白亜紀の有胎盤類の出現と四つのグレイドへの放散および新生代での著しい適応放散について，海生哺乳類や奇蹄目と長鼻目の発展とともに紹介した．これら哺乳類の発展には，地形の変化，すなわち地球の隆起と海水準の上昇が生物進化に強い影響をあたえていることものべた．

新第三紀以降については，私が研究している日本列島の形成にともなう地形変化と海生生物の進化や分布についてのべた．最後に，人類の進化と発展について紹介し，今から約100万年以降の地殻の隆起とともに原人の進化と分布の拡大，そして文化の形成までの概要を紹介した．

これら生物の発展の歴史には，地球の変動や陸と海の地形変化などが強く影響している．人は，現在の自分の身のまわりのことがらや考えかたに支配されてものごとを考える．したがって，現在の地形や気候，地殻変動が過去も同じであったと無意識に思って，過去を考えがちである．

しかし，中生代から新生代を通じて，現在はもっとも寒い時期であり，気候帯もこれほど明確に分かれている時代はなかった．また，新生代の後期になって日本列島と同じような島弧（弧状の島列のような隆起帯）が世界中に形成された．それらの島弧では，過去から現在にかけてのそれぞれの時代で構造運動や火山活動に特徴があり，現在と過去の構造運動や火山活動は異なっていた．

　現在の海底地形で，海岸から水深100〜200mまでの沖合の平坦な海底を大陸棚とよぶ．この大陸棚は今から2万年前のウルム氷期最盛期の海岸だったところであり，それと同じものはそれより過去には存在しなかった．しかし，海洋生物の古環境を推定する場合に，浅海域の生息環境は重要なので，大陸棚という地形を想定している．

　また，海水の酸素同位体比から過去の海水準の変動曲線が提案されているが，中生代と新生代において更新世前期を含めそれ以前に氷期があった可能性は疑われる．同様に，現在のような海流が過去にもあったのか，私は疑問に思っている．海流は海面での卓越風や海洋水塊の温度あるいは塩分のちがいによる密度の不均一によって起こるとされ，現在のような海流は気候帯と海洋水塊の区別がはっきりしていなければ発生しないと思われる．まだ気候帯や海洋水塊の区別が明瞭でなかった中新世前期以前に，現在と同じような海流があったとは私には思われない．

　すなわち，本書ですでに概説したが，過去の地形や気候，地殻変動は現在とちがっていた．そして，そこに生きた過去の生物たちも現在とはちがっていた．したがって，古生物学を学ぶ皆さんは，現在という呪縛から解き放たれて，現在とちがう過去を自由に旅して過去の生物について学び考えていただきたい．

　地質時代を通して，とぎれとぎれにある地層からその時々のその場所や地球全体の環境と地殻変動のありさまを推定して，その地層から産出する化石をもとに古生物の姿と生態を復元する．そして地球の変遷とともに現在に至る生物の進化を考える．この遠い過去から現在への魅力的な旅の物語を創造することが，古生物学の醍醐味である．

　本書は，はじめて古生物学を学ぶ人のための入門書である．そのこともあり，各内容の詳細については不十分なところもある．したがって，本書で古生物学に興味を抱いた皆さんには，本書で紹介した参考図書や引用文献などを参考にして，より深い学習をしていただきたい．

参考図書

　古生物学に関する参考図書は数多くあるが，化石や古生物学に興味をいだいた方に参考になるいくつかの図書を紹介する.

日本海の成立 改訂版 生物地理学からのアプローチ，西村三郎著，築地書館，1980 年.
脊椎動物の歴史，アルフレッド・S・ローマー著，川島誠一郎訳，どうぶつ社，1981 年.
生物進化を考える，木村資生著，岩波新書，岩波書店，1988 年.
恐竜異説，ロバート・T・バッカー著，瀬戸口烈司訳，平凡社，1989 年.
毒蛇の来た道－大規模海水準変動説，星野通平著，東海大学出版会，1992 年.
ワンダフル・ライフ－バージェス頁岩と生物進化の物語，S・J・グールド著，渡辺政隆訳，早川書房，1993 年.
恐竜ルネッサンス，フィリップ・カリー著，小畠郁生訳，講談社現代新書，講談社，1994 年.
新版 地学教育講座⑥，化石と生物進化，地学団体研究会編，東海大学出版会，1995 年.
古生物学入門，間嶋隆一・池谷仙之著，朝倉書店，1996 年.
唯臓論，後藤仁敏著，風人社，1999 年.
化石の研究法－採集から最新の解析法まで－，化石研究会編，共立出版，2000 年.
ワニと龍 恐竜になれなかった動物の話，青木良輔著，平凡社新書，平凡社，2001 年.
哺乳類の進化，遠藤秀紀著，東京大学出版会，2002 年.
爬虫類の進化，疋田 努著，東京大学出版会，2002 年.
恐竜学－進化と絶滅の謎，Fastovsky, D. E. and D. B. Weishampel 著，真鍋 真監訳，丸善，2006 年.
地球生物学－地球と生命の進化，池谷仙之・北里 洋著，東京大学出版会，2004 年.
恐竜ホネホネ学，犬塚則久著，NHK ブックス，日本放送出版協会，2006 年.
地質学3 地球史の探究．平 朝彦著，岩波書店，2007 年.
カメのきた道－甲羅に秘められた2億年の生命進化，平山 廉著，NHK ブックス，日本放送出版協会，2007 年.
古生物学，速水 格著，東京大学出版会，2009 年.
古生物学の科学，全5巻（普及版），速水 格ほか編，2011 年，朝倉書店.
化石から生命の謎を解く．化石研究会編，朝日新聞出版，2011 年.
人類の進化 拡散と絶滅の歴史を探る，バーナード・ウッド著，馬場悠男訳，サイエンス・パレット，丸善出版，2014 年.

引用文献

相場淳一・関谷英一（1979）南西諸島周辺海域の堆積盆地の分布と性格. 石油技術協会誌, 44, 90-103.

荒谷邦雄（2009）伊豆諸島のクワガタムシ相の特徴とその起源, 他の分類群との比較. 日本生態学会関東地区会報, 58, 56-59.

浅野一男（1975）古生代末植物区の成立について. 地学雑誌, 84（2）, 1-16.

青塚圭一・柴 正博（2006）オーストラリア南東部の下部白亜系から産する恐竜化石の特徴. 海・人・自然（東海大学博物館研究報告）, 8, 19-35.

Albani A.E., S. Bengtson, D. E. Canfield, A. Bekker, R. Macchiarelli, A. Mazurier, E. U. Hammarlund, P. Boulvais, J-J. Dupuy, C. Fontaine, F. T. Fürsich, F. Gauthier-Lafaye, P. Janvier, E. Javaux, F. O. Ossa, A-C Pierson-Wickmann, A. Riboulleau, P. Sardini, D. Vachard, M. Whitehouse and A. Meunier (2010) Large colonial organisms with coordinated growth in oxygenated environments 2.1 Gyr ago. Nature, 466, 100-104.

Alvarez, L. W., W. Alevarez, F. Asaro and H. Michel (1980) Extraterrestrial cause for the Cretaceous-Tertiary extinction, Science, 208, 1095-1108.

Amemiya, C. T., J. Alföldi, A. P. Lee, S. Fan, H. Philippe, I. MacCallum, I. Braasch, T. Manousaki, I. Schneider, N. Rohner, C. Organ, D. Chalopin, J. J. Smith, M. Robinson, R. A. Dorrington, M. Gerdol, B. Aken, M. A. Biscotti, M. Barucca, D. Baurain, A. M. Berlin, G. L. Blatch, F. Buonocore, T. Burmester and M. S. Campbell (2013) The African coelacanth genome provides insights into tetrapod evolution. Nature, 496, 311-316.

Anbar, A. D. (2008). Elements and evolution. Science, 322, 1481–1483.

Antoine, J. H., R. G. Martin, Jr., T. G. Pyle and W. R. Bryant (1974) Continental margins of the Gulf of Mexico. In Burk, C. A. and C. L. Drake eds. : The Geology of Continental Margins, Springer-Verlag, 683-693.

バッカー・R・T（1989）恐竜異説. 瀬戸口烈司訳, 平凡社, 326p.〔Bakker, R. T. 1986 The Dinosaur Heresies. William Morrow and Campany, Inc.〕

Begun, D. R. (2003) Plant of the Apes. Scientific American, 289 (2), 75-83.

Benson, R. H., J. M. Berdan, W. A. Van de Bold, T. Hanai, I. Hassland, H. V. Howe, R. V. Kesling, S. A. Levinson, R. A. Reyment, R. C. Moore, P. C. Sylvester-Bradley and J. Wainwtight (1961) Treatise on Invertebrate Paleontology, Part Q, Arthropoda 3, Geological Society of America and University Kansas, 442p.

Benton, M. and D. Harper (1997) Basic Paleontology. Addison Wesley Longman, 342p.

Berggren, W. A., D. V. Kent, C. C. III Swisher, and M-P. Aubry (1995) A revised Cenozoic geochronology and chronostratigraphy. SEPM Special Publication, 54, 129-212.

Berger, W. H. (1974) Deep sea sedimentation. In Burk, C. A. and C. L. Drake eds.: The Geology of Continental Margin, Springer-Verlag, 213-241.

ベローソフ, V. V.（1979）構造地質学原論. 岸本文男・青木 斌・金光不二夫訳, 共立出版, 368p.

Birkenmajer, K. and E. Zastawniak (1989) Late Cretaceous - Tertiary floras of King Georges Islands, West Antarctica: Their stratigraphic distribution and paleoclimatic significance. In Crame, J. A. ed.: Origin and Evolution of the Antarctic Biota, Geological Society of London, Special Publication, 47, 227-240.

Blow, W. H. (1969) Late Middle Eocene to Recent planktonic foraminiferal biostratigraphy. In Bronnimann, P. and Renz, H.H. eds. : Internatl. Conf. Planktonic Microfossils, 1st., Geneva, 1967, Proc., 1, 199-421.

Boltovskoy, E. and Wright, R. (1976) Recent Foraminifera, The Hague: W. Junk.

Bouma, A. H. (1962) Sedimentology of Some Flysch Deposits. Amsterdam Elsevier Pub. Co., 168p.

Brasier, M. D. (1980) Microfossils. George Allen & Unwin, 193p.

Burger, D. (1990) Early Cretaceous angiosperms from Queensland, Australia,. Rev. Palaeobot. Palynol., 65, 153-163.

Clark, D. A. (1984) Native land mammals. In Perry, R. ed. : Key Environments Galapagos, Pergamon Press, 225-231.

Colbert, E. H. (1973) Continental drift and the distibution og fossil reptiles. In Tarling, D. H. and Runcorn S. K. eds. : Implications of Continental Drift to Earth Sciences, Academic Press, 1, 395-412.

コパン，Y.（1994）イーストサイド物語－人類のこきょうを求めて．日経サイエンス，1994-7，92-100. [Coppens, Y. 1994, East side story : The origin of humankind. Sicentific American, May, 1994].

Cox, A. (1983) Ages of the Galapagos Islands. In Bowman, R. I., M. Berson and Leviton A. E. eds.: Patterns of Evolution in Galápagos Organisms, American Association for the Advancement of Science, Pacific Division, 11-24.

Dalrymple, R. W. (1992) Tidal depositional systems. In Walker, R. G. and N. P. James eds. : Facies Models Response to Sea Level Change, Geological Assoc. Canada, 195-218.

Dettmann, M. E. (1989) Antarctica: Cretaceous cradle of austral temperate rainforests?. In Crame, J. A. ed. : Origines and Evolution of the Antarctic Biota. Geol. Soc. Sprcial Publication, 47, 89-105.

Dunham, R. J. (1962) Classification of carbonate rocks according to depositional texture. In Ham, W. E. ed.: Classification of Carbonate Rocks, Amer. Assoc. Petrol. Geol., Mem., 1, 108-121.

Eliasson, U. (1984) Native climax forest. In Perry, R. ed. : Key Environments Galapagos, Pergamon Press, 101-114.

遠藤秀紀（2002）哺乳類の進化．東京大学出版会，東京，383p.

Expedition 324 Scientists (2009) Testing plume and plate model of ocean plateau formation at Shatsky Rise, northwest Pacific Ocean. IODP Prel. Rept., 324, 1-115.

Frakes, L. A. (1979) Climates throughout Geologic time. Elsevier, Amusterdam, 322p.

Frey, R. W. and S. G. Pemberton (1984) Trace fossil facies models. In In Walker, R. G. ed.: Facies Models, Geological Assoc. Canada, 189-207.

Gilbert, G. K. (1885) The topographic features of lake shores, U. S. Geol. Surv., 5th Ann. Rept., 69-123.

Glaessner, M. F. (1984) The Dawn of Animal Life: a Biohistorical Study. Cambridge Univ. Press, 244p.

後藤仁敏（1985）板鰓類における歯の進化と適応．海生脊椎動物の進化と適応，地団研専報，30，19-35.

Goldblatt, P. (1993) Biological relationships between Africa and South America: an overview. In Golgblatt, P. ed: Biological Relationships between Africa and South America, 1993, Yale Univ. Press, 3-14.

グールド・S・J（1993）ワンダフル・ライフ－バージェス頁岩と生物進化の物語，渡辺政隆訳，早川書房，524p.

波部忠重（1977）伊豆半島の陸産貝類相とその生物地理学的意義．国立科学博物館専報，10，77-81.

Hamilton, E. L. (1956) Sunken islands of the Mid-Pacific Mountains. Geol. Soc. Americal, Mem., 64, 1-97.

Haq, B. U., J. Hardenbol, P. R. Vail（1987）Chronology of the fluctuating sea levels since the Triassic. Science, 235, 1156-1166.

長谷川 卓（2014）海底環境のタイムカプセル～泥岩中に形成される石灰質ノジュール～，サイエンスネット，50，研数出版，2-5.

林 守人・千葉 聡（2009）伊豆諸島および伊豆半島におけるシモダマイマイの生態的・遺伝的変異．日本生態学会関東地区会報，58，38-43.

Hay, R. (1977) Tectonic evolution of the Cocos-Nazca spreading center. Geol. Soc. America Bull., 88, 1404-1420.

Heezen, B. C., J. L. Matthews, R. Catalanno, J. Natland, A. Coogan, M. Tharp and M. Rawson (1973) Western Pacific Guyots. Init. Rept. DSDP., 20, 653-723.

Hess, H. H. (1946) Drowned ancient islands of the Pacific basin. Amer. Jour. Science, 244, 772-791.

疋田 努（2002）爬虫類の進化．東京大学出版会，234p.

平山 廉（2007）カメのきた道－甲羅に秘められた2億年の生命進化．NHKブックス，日本放送出版協会，205p.

Hoffman, P. F., A. J. Kaufman, G. P. Halverson, D. P. Schrag (1998) A Neoproterozoic Snowball Earth. Science, 281, 1342 - 1346.

Hollister, C. D., J. I. Ewing, D. Habib, J. C. Jathaway, Y. Lancelot, H. Luterbacher, F. J. Paulus, W. Poag, J. A. Wilocoxon and P. Worstell (1972) Site 98 – North-east Province Channel. Init. Rept. DSDP, 11, 9-50.

星 一良・柳本 裕・秋葉文雄・神田慶太（2015）反射法地震探査解釈による伊豆・小笠原弧堆積盆の地質構造と発達史．地学雑誌，124，847-876.

星野通平（1972）海岸平野の形成と第三紀末期以降の海水準変化．地質学論集，9，39-44.

星野通平（1965）太平洋．地団研双書，地学団体研究会，136p.

星野通平（1983）海洋地質学．地学団体研究会，373p.

星野通平（1991）玄武岩時代．東海大学出版会，456p.

星野通平（1992）毒蛇の来た道．東海大学出版会，150p.

藤田和夫（1990）満池谷不整合と六甲変動－近畿における中期更新世の断層ブロック運動と海水準上昇．第四紀研究，29，337-349.

茨木雅子（1986）掛川地域新第三系の浮遊性有孔虫生層序基準面とその岩相層序との関係．地質学雑誌，92，119-134.

市川浩一郎・藤田至則・島津光夫 編（1970）「日本列島」地質構造発達史．築地書館，232p.

井尻正二（1949）古生物學論．平凡社．311p.

井尻正二（1977）新版科学論，上・下．大月書店．241p.，213p.

ジョージ，W.（1968）動物地理学，吉田敏治訳，古今書院，224p. [George, W. 1962, Animal Geography, Heinemann Educational Books Ltd]

海部陽介（2009）人類進化の系統樹．milis，5，国立科学博物館，6-8.

化石研究会編（2000）化石の研究法－採集から最新の解析法まで－，共立出版，388p.

河村善也（1991）ナウマンゾウと共存した哺乳類．亀井節夫編著：日本の長鼻類化石，築地書館，164-171.

河村善也（1998）第四紀における日本列島への哺乳類の移動．第四紀研究，37，251-257.

Keller, G. (1996) The Cretaceous-Tertiary mass extinction in planktonic foraminifera: Biotic constants for catastrophe theories. In MacLeod, N. and G. Keller eds : Cretaceous-Tertiary Mass Extinctions : Biotic and Enviromental Changes, W. W. Norton & Company, 49-84.

Kennett, J. (1982) Marine Geology. Prentice-Hall, Inc., 813p.

Kirschvink, J. L. (1992) Late Proterozoic low-latitude global glaciation: the snowball Earth. In Schopf, J. W. ed: Proterozoic Biosphere, Cambridge Univ. Press, 51-53.

国立科学博物館（1995）絶滅した大哺乳類たち．読売新聞社，96p.

小西省吾・吉川周作（1999）トウヨウゾウ・ナウマンゾウの日本列島への移入時期と陸橋形成．地球科学，53，125-134.

栗山武夫・M. C. Brandley・片山 亮・森 哲・本多正尚・長谷川雅美（2009）伊豆諸島におけるシマヘビの系統地理と形態変化．日本生態学会関東地区会報，58，31-37.

黒沢良彦（1990）伊豆諸島の昆虫相．日本の生物，4（2），23-28.

Ladd, H. S., E. Ingerson, R. C. Townsend, M. Russell and H. K. Stephenson (1953) Drilling on Eniwetok Atoll, Marshall Islands. Bull. Amer. Assoc. Petrol. Geol., 37, 2257-2280.

Lamichhaney, S., J. Berglund, M. S. Almén, K. Maqbool, M. Grabherr, A. Martinez-Barrio, M. Promerová, C-J. Rubin, C. Wang, N. Zamani, B. R. Grant, P. R. Grant, M. T. Webster and L. Andersson (2015) Evolution of Darwin's finches and their beaks revealed by genome sequencing. Nature, 518, 371-375.

Landis, G. P., J. K. Rigby, R. E. Sloan, R. Hengst and L. W. Snee (1996) Pele Hypothesis atomspheres and geologic-geochemical controls on evolution, survival, and extinction. In MacLeod, N. and G. Keller eds: Cretaceous-Tertiary Mass Extinctions: Biotic and Enviromental Changes, W. W. Norton & Company, 519-556.

Lundberg, J. G. (1993) African - South American freshwater fish clades and continental drift: problem with a paradigm. In Goldblatt, P. ed: Biological Relationships between Africa and South America, Yale Univ. Press, 156-199.

Macfadden, B. J. (1992) Fossil horses : systematics, paleobiology, and evolution of the Family Equidae. Cambridge Univ. Press, 384p.

米谷盛寿郎・井上洋子（1981）新潟堆積盆地における中新統中上部の有孔虫化石群集と古地理．化石，30，73-78.

真鍋 真（2001）恐竜の系統を分岐分析で考える．AERA Mook，恐竜学がわかる，16-23.

Margulis, L. and K. V. Schwartz (1982) Five Kingdoms : An Illustrated Guide to the Phyla of Life on the Earth. W. H. Freeman and Company, 338p.

Masse, J-P. and M. Shiba (2010) *Praecaprotina kashimae* nov. sp. (Bivalvia, Hippuritacea) from the Daiichi-Kashima Seamount (Japan Trench). Cretaceus Research, 31, 147-153.

Matsumoto, T.（1977）On the so-called Cretaceous transgression. Paleont. Soc. Japan, Special Paper, 21, 75-84.

松島義章（1987）多摩川・鶴見川低地における完新世の相対的海面変化．川崎市内沖積層の総合研究，112-119.

牧野内 猛（2005）4.3 濃尾平野地域．日本の地質増補版編集委員会編：日本の地質増補版，共立出版，186-190.

Morris, S. C. and H. B. Whittington (1985) Fossils of the Burgess Shale. A nationa treasure in Yoho National Park, British Columbia. Geol. Soc. Canada, Miscellaneous Repts., 43, 1-31.

奈須紀幸・本座栄一・藤岡換太郎・佐藤俊二（1979）日本海溝の深海掘削2．海洋科学，11，807-815.

日本経済新聞（2013）大西洋の海底に「陸地」発見アトランティス痕跡？（5月7日），http://www.nikkei.com/article/DGXNASDG07016_X00C13A5CR0000/

西村瑞穂・渡辺大輔・保柳康一（1993）波浪卓越沿岸の堆積相－北部フォッサマグナ中期中新世の礫質堆積物から－．信州大学理学部紀要，29，71-77.

西海 功（2009）鳥類系統地理から見た伊豆諸島のおもしろさと島の生物進化学のこれから．日本生態学会関東地区会報，58，53-55.

野尻湖発掘調査団・新堀友行（1986）カラーシリーズ日本の自然 日本人の系譜．平凡社，115p.

野村 鎮（1969）伊豆諸島産コガネムシ亜科の動物地理学的研究．昆虫学評論，21，71-94.

岡本 卓・疋田 務（2009）オカダトカゲの分布とその起源－伊豆半島に乗ってきたトカゲ－．日本生態学会関東地区会報，58，44-49.

大場達之（1975）ハチジョウイタドリ－シマタヌキラン群集－伊豆諸島のフロラの成立にふれて－．神奈川県立博物館研究報告，8，91-106.

大森昌衛（2000）進化の大爆発－動物のルーツを探る．新日本出版，179p.

Prothero, D. R. (1994) The Eocene-Oligocene Transition, Paradise Lost., Columbia Univ. Press, 291p.

Putnam, N. H., T. Butts, D. E. K. Ferrier, R. F. Furlong, U. Hellsten, T. Kawashima, M. Robinson-Rechavi, E. Shoguchi, A. Terry, J-K. Yu, E. Benito-Gutiérrez, I. Dubchak, J.i Garcia-Fernàndez, J. J. Gibson-Brown, I. V. Grigoriev, A. C. Horton, P. J. de Jong, J. Jurka, V. V. Kapitonov, Y. Kohara, Y. Kuroki, E. Lindquist, S. Lucas, K. Osoegawa, L. A. Pennacchio, A. A. Salamov, Y. Satou, T. Sauka-Spengler, J. Schmutz, T. Shin-I, A. Toyoda, M. Bronner-Fraser, A. Fujiyama, L. Z. Holland, P. W. H. Holland, N.

Satoh and D. S. Rokhsar (2008) The amphioxus genome and the evolution of the chordate karyotype. Nature, 453, 1064-1071.

Raff, R. A. and T. C. Kaufman (1983) Embryons, Genes, and Evolution : the developmental-genetic basis of evolution change. MacMillan Pub.

Rage, J-C. (1987) Fossil history. In Seigel, R. A. et al. eds: Snakes : Ecology and Evolutionary Biology, McGrow-Hill, 51-76.

Rich, T. H. and P. Vickers-Rich (2000) Dinosaurs of darkness. Allen & Unwin, NSW, Australia, 222p.

Roberts, D. G. (1975) Evaporite deposition in the Aptian South Atlantic Ocean. Marine Geology, 18, M65-M72.

Schlanger, S. O. and H. C. Jenkins (1976) Cretaceous ocean anoxic events. Geol. Mijinbouw, 55, 179-184.

Schuchert, C.（1924）The paleogeography of Permian time in relation to the earlier Permian and late Periods. Proc. Pan-Pacific Sci. Congr., Australia, 1923, v. 2, Pacific Sci. Assoc., Aust. Nat. Res. Council, Melbourne, 1079-1091.

Seilacher, A. (1989) Vendozoa : organismic construction in the Proterozoic bioshere. Lethaia, 22, 229-239.

Seilacher, A. (1992) Vendobionata and Psammocorallia : last constructions of Precambrian-evolution. Jour. Geol. Soc. London, 149, 607-613.

Sepkoski, J. J. Jr.（1984）A kinetic model of Phanerozoic taxonomic diversity. III,. Post-Paleozoic families and mass extinctions. Paleobiology, 10, 246-267.

Sereno, P. C. (1999) The evolution of dinosaurs. Science, 284, 2137-2147.

Sheridan, R. E. and P. Enos (1979) Stratigraphic evolution of the Black Plateau after a decade of scientific drilling. In Talwani, M., W. Hay and W. B. F. Ryan, eds : Deep Drilling Result in the Atlantic Ocean : Continental Margins and Paleoenvironment, Amer. Geophy. Union, 109-122.

Shiba, M. (1988) Geohistory of the Daiichi-Kashima seamount and the Middle Cretaceous eustacy. Sci. Rep. Nat. Hist. Mus., Tokai Univ., 1-69, pls. 1-10.

Shiba, M. (1992) Eustatic rise of sea-level since Jurassic modified from Vail's curve. Abst. 29th IGC (Kyoto), 1-3, 95.

Shiba, M. (1993) Middle Cretaceous Carbonate Bank on the Daiichi-Kashima Seamount at the junction of the Japan and Izu-Bonin Trenches. In Simo, T., B. Scott and J-P. Masse eds.: Cretaceous Carbonate Platform, AAPG, Mem., 56, 465-471.

柴 正博（1979）小笠原諸島東方，矢部海山（新称）の地史．地質学雑誌，85, 209-220.

柴 正博（2005）2.2 静岡，掛川地域の新第三系・下部更新統．日本の地質増補版，共立出版，132-136.

柴 正博（2016a）駿河湾はどうやってできたか？．化石研究会誌，49（1），3-11.

柴 正博（2016b）伊豆半島は南から来たか？．化石研究会誌，49（1），34-42.

柴 正博・廣瀬祐市・延原尊美・高木克将・安田美輪・富士幸祐・中村光宏（2013）富士川谷新第三系，いわゆる静川層群の層序と軟体動物化石群集．地球科学，67, 1-19.

柴 正博・石川智美・横山謙二・田辺 積（2012a）「田辺 積氏化石コレクション」にみ

られる鮮新 - 更新統掛川層群産軟体動物化石群集と化石密集層の形成要因．東海自然誌（静岡県自然史研究報告），5，1-29.

柴 正博・大石 徹・高原寛和・横山謙二・坂本和子・長谷川祐美・村上千里・有働文雄（2010）掛川層群下部層の火山灰層．海・人・自然（東海大学博物館研究報告），10，17-50.

柴 正博・関口巧真・小川育男（2016）静岡県菊川市に分布する倉真層群より産出した *Carcharocles megalodon* の椎体化石．海・人・自然（東海大学博物館研究報告），13，1-13.

柴 正博・篠崎泰輔・廣瀬祐市（2012b）山梨県身延町中富地域の新第三系，富士川層群および曙層群の有孔虫化石による生層序学的研究．海・人・自然（東海大学博物館研究報告），11，1-21.

柴 正博・渡辺恭太郎・横山謙二・佐々木昭仁・有働文雄・尾形千里（2000）掛川層群上部層の火山灰層．海・人・自然（東海大学博物館研究報告），2，53-108.

柴 正博・横山謙二・赤尾竜介・加瀬哲也・真田留美・柴田早苗・中本武史・宮本綾子（2007）掛川層群上部層におけるシーケンス層序と生層序層準．亀井節夫先生傘寿記念論文集，219-230.

Shipboard Scientist Party (1975) Site 242. Initl. Rept. DSDP, 25, 139-176.

Simkin, T. (1984) Geology of Galapagos islands. In Perry, R. ed. : Key Environments Galapagos, Pergamon Press, 15-41.

Smith, A. J., D. G. Smith and B. M. Funnell (1994) Atlas of Mesozoic and Cenozoic Coastalines. Cambridge Univ. Press, 99p.

Stanley, S. M. (1968) Post Paleozoic adaptive radiation of infaunal bivalve molluscs － a consequence of mantle fusion and siphon formation, Jour. Paleontology, 42, 214-220.

Suess, E. (1885, 1888, 1901, 1909) Das Antlitz der Erde. G. Freytag, Leipzig. [Translated as The Face of the Earth. 5 vol., (1904, 1906, 1908, 1909, 1924), Clarendon Pr., Oxford.)]

平 朝彦（2007）地質学 3 地球史の探究．岩波書店，396p.

多井義郎（1963）瀬戸内・山陰新第三紀有孔虫群の変遷と Foram. Sharp Line．化石，5，1-7.

高桑正敏（1979）伊豆諸島のカミキリ相の起源．月刊むし，104，35-40.

高桑正敏（1980）神奈川県の昆虫相の特性とそれを支えてきた要因．神奈川自然誌資料，1，1-13.

高野 修（2013）前弧堆積盆埋積層序学 2：セッティング変化に対する堆積システム応答－三陸沖・東海沖前弧を例として－．日本地質学会第 120 年学術大会講演要旨，94.

塚越 実（2002）陸上植物の系統．化石からたどる植物の進化－陸に上がった植物のあゆみ－，大阪市立自然史博物館，表紙裏.

徳田御稔（1969）生物地理．築地書館，199p.

鳥山隆三（1974）二畳紀．浅野 清編：地史学（上），朝倉書店，255-305.

Uchupi，E. (1975) Physiography of the Gulf of Mexico and Caribbean Sea. In A. E. M. Nairn and F. G. Stehli eds: The Gulf of Mexico and Caribbean, Prelnum Press, 1-64.

Vail, P. R., R. M. Michum, Jr. and S. Thompson. III (1977) Global cycle of relative changes of sea level. In Payton C. E. ed. : Seismic stratigraphy-Application to Hydrocarbon Exploration. Amer. Assoc. Petrol. Geol. Mem. 26, 83-97.

Vries, T. J. (1984) The giant Tortoises: A natural history disturbed by man. In Perry, R. ed.: Key Environments Galapagos, Pergamon Press, 145-156.

Walker, R. G. (1979) Models 8. Turbidites and associated coarse clastic deposits. In In Walker, R. G. ed. : Facies Models, Geological Assoc. Canada, 91-103.

Wegener, A. (1915) Die Entstehung der Kontinente und Ozeane. Viewieg, Braunschweig. [Translated as The Origin of Continents and Oceans, 1924]

Wei, W. (1989) Reevaluation of the Eocene ice-rafting record from subantarctic cores. Antatartic Journal of the United States, 1989, 108-109.

Williams, T. A., P. G. Foster, C. J. Cox and T. M. Embley (2013) An archaeal origin of eukaryotes supports only two primary domains of life. Nature, 504, 231–236.

Wilson, J. L. (1975) Carbonate Facies in Geologic History. Springer-Verlag, 471p.

Winterer, E. L. (1991) The Tethyan Pacific during Late Jurassic and Cretaceous times. Palaepgeography, Palaeoclimatology, Palaeoecology, 87, 253-265.

Wolfe, J. A. (1978) A Paleobotanication interpretation of Tertiary climates in North hemisphere. American Science, 66, 694-703.

ウォン，K.（2005）最古の人類にせまる 700 万年前の化石の謎．別冊日経サイエンス，人間性の進化 700 万年の軌跡をたどる，22-33.

ウッド・B（2014）人類の進化 拡散と絶滅の歴史を探る．サイエンス・パレット，丸善出版，184p.

Xu, X., P. J. Makovicky, X.-L. Wang, M. A. Norell and H.-L. You (2002a) A Ceratopician dinosaur from China and the early evolution of Ceratopsia. Nature, 416, 315-317.

Xu, X., Y.-N. Chang, X.-L. Wang and C.-H. Chang (2002b) An unusual Oviraptorosaurian dinosaur from China. Nature, 419, 291-293.

山中健生（2015）地球とヒトと微生物－身近で知らない驚きの関係．技術評論社，271p.

横山謙二・宮澤市郎・柴 正博・佐々木彰央（2013a）静岡県富士市南松野に分布する中期更新統庵原層群岩淵層から産したコノシロ亜科の魚類化石．地球科学，67，37-41.

横山謙二・柴 正博・小泉勇貴・宮澤市郎（2013b）静岡県富士市南松野に分布する中部更新統庵原層群岩淵層から産したニシン科とカタクチイワシ科の魚類化石．東海自然誌（静岡県自然史研究報告），6，19-25.

Zhu, M., Zhao, W., Jia, L., Lu, J., Qiao, T., Qu, Q. (2009) The oldest articulated osteichthyan reveals mosaic gnathostome characters. Nature, 458, 469-474.

索　引

190

著者紹介

柴 正博（しば　まさひろ）
1952年生まれ
東海大学大学院海洋学研究科修士課程修了　理学博士
もと東海大学海洋学部博物館　学芸担当課長　学芸員
ふじのくに地球環境史ミュージアム客員教授
東海大学海洋学部および東京農業大学　非常勤講師
著書：『地質調査入門』（2015年，東海大学出版部）
　　　『静岡の自然をたずねて』（2005年，分担執筆，築地書館）
　　　『しずおか自然図鑑』（2001年，分担執筆，静岡新聞社）
　　　『化石の研究法－採集から最新の解析法まで－』（2000年，分担執筆，共立出版）
　　　『新版 地学事典』（1996年，分担執筆，平凡社）
　　　『モンゴル・ゴビに恐竜化石を求めて』（2018年，東海大出版部）
　　　『駿河湾の形成』（2017年，東海大出版部）

本書は2016年7月東海大学出版部より出版された同名書籍を継続・一部修正して出版したものです.

装丁　中野達彦
カバーイラスト　北村公司

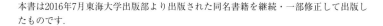

はじめての古生物学

2020年10月10日　第1版第1刷発行
2022年8月30日　第1版第3刷発行

著　者　柴 正博
発行者　原田邦彦
発行所　東海教育研究所
　　　　〒160-0023　東京都新宿区西新宿7-4-3升本ビル7階
　　　　TEL　03（3227）3700　FAX　03（3227）3701

組　版　新井千鶴
印刷所製本所　株式会社真興社